念口诀

串彩珠卡通篇

金恩梅等 编著

U0260106

科学普及出版社

·北京·

图书在版编目（CIP）数据

念口诀串彩珠·卡通篇 ／ 金恩梅等编著．
—北京：科学普及出版社，2014
ISBN 978-7-110-08457-1

Ⅰ．①念… Ⅱ．①金… Ⅲ．①手工艺品－制作 Ⅳ.①TS973.5

中国版本图书馆CIP数据核字(2013)第308300号

参加编写人员　金恩梅　沈　浩　陈淑惠　孙婉明　尹双义

出 版 人　苏　青
策划编辑　肖　叶
责任编辑　郭　璟　郭　佳
封面设计　阳　光
责任校对　张林娜
责任印刷　马宇晨
法律顾问　宋润君

科学普及出版社出版
北京市海淀区中关村南大街16号　邮编：100081
电话：010-62173865　传真：010-62179148
http//www.cspbooks.com.cn
科学普及出版社发行部发行
鸿博昊天科技有限公司印刷
*
开本：720毫米×1000毫米 1/16 印张：6 字数：100千字
2014年1月第1版　2014年1月第1次印刷
ISBN　978-7-110-08457-1/TS·125
印数：1-10000册　定价：25.00元

M 目录
U LU

常用材料与工具

HANGYONG CAILIAO YU GONGJU

8mm 珠中珠，地球珠

10mm、12mm
珠中珠，四角珠

10mm、12mm
珠中珠，南瓜珠

6mm 仿水晶菱形珠

4mm、6mm、8mm
塑料仿珍珠

10mm 四角果冻珠

灌心长珠（本书中用于
编五角星）

8mm 透明角珠

10mm 四角实色珠

树叶形透明片珠
（多用于编鱼尾
及幸运球）

车轮扁珠（直径 6mm、厚
度 4mm，多用于编钱包）

4mm、5mm、6mm
不锈钢珠

固定环

置物盒

鱼线（直径 0.3 ~ 0.7mm 不等），
根据编珠的大小决定鱼线的粗细

镊子

锥子

剪刀

K口诀释读
OUJUE SHIDU

1. 左线，右线

　　拿在左手中的鱼线为左线，拿在右手中的鱼线为右线。当左右线发生动作（如，穿、回、借等）后，仍然是左手拿的为左线，右手拿的为右线。在整个编穿的过程中不可随意改变。

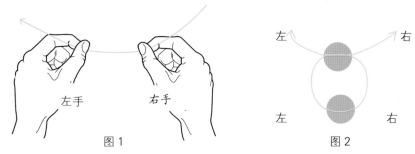

图1　　　　　　　　　图2

2. 左穿，右穿

　　"穿"就是将鱼线穿过珠子中心的孔洞。左穿就是用左线穿珠子；右穿就是用右线穿珠子。

　　本口诀中一般是左线穿珠子，在特殊情况下，右线穿珠子时，都另外注明并标示"★"号。

3. 什么是"借"

　　"借"就是右线或者左线从旁边已编好的成体珠的珠孔中穿过。本口诀一般为右"借"。如图1为动作前，当右借1珠后即为图2的情况。

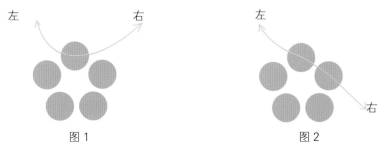

图1　　　　　　　　　图2

4. 什么是"回"

简单地说，"回"就是左、右线在某个珠子中交叉。一般情况下，在左线穿的最后一个珠子交叉，即"回"。

如左穿3（白、白、红），回1红，如图。

5. 什么是"锁"

在编穿的过程中，如果只是简单的两线交叉，其成品松散，不美观，因此要"锁"一下。

怎样锁呢？先将左线穿过要"回"的珠子，再回穿该珠，此时左线形成一个扣，右线从扣中穿过，两线拉紧，使锁扣藏在珠子孔洞的中间。

6. 回穿（或回借）

左穿几个珠后，左线外绕1个挡珠或固定环后，再穿回去，即为"回穿"。多用于编动物的尾巴、耳朵和吊饰上的固定环。

还有一种情况是在编珠过程中需要回借，如下右图，右穿1黑后回借3黄，线回到A珠右侧（右线原来的位置）。

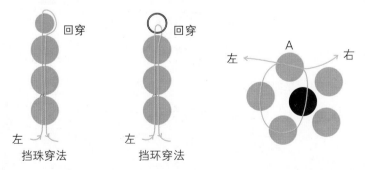

7. 收尾、接线

当作品完成后需要收尾；当作品在编穿的过程中鱼线不够长时需要接线。无论收尾还是接线，其方法基本相同：即左、右线锁扣后（左 ———●——— 右），置于珠孔洞的中间再拉紧，然后左、右线再分别回穿几粒珠，以防脱落。最后用剪刀将多余的线头齐根剪短。

8. 翻转，也称倒手

在串制过程中，左右手所持线的互换，左手改拿右线，右手改拿左线。

9. "★"号

在口诀中，读者会发现有的条目前标有"★"号，这是提示读者此条目应引起注意。

10. 左耳、右耳，左手、右手，前方、后方等方向性标示

均指该动物、人物、物品等的方位，与编珠过程中的左、右线无关。

11. "⑥"、"⑤"、"④"等数字符号

在口诀条目后面会出现"⑥"、"⑤"、"④"等数字符号，这表明回珠后的珠子数。如下图左下方最后回1黄珠（即左、右线在黄珠交叉），右借1红，左穿4蓝，回1蓝，交叉后为6粒珠，用⑥表示。

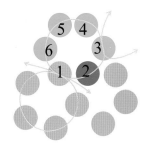

12. 所需鱼线长度的算法

珠子的直径（mm）× 数量 ×2 倍 +300（mm）= 鱼线的长度（mm）
例如：6mm × 80 粒 × 2 + 300mm = 1260mm

13. 温馨提示：在串制过程中，你始终都是从所编物品的外部看过去，从外面判断"左"和"右"。

14. 注意事项：儿童串制时须由成人陪同，谨防吞咽；使用剪刀、锥子等工具时更须成人帮忙操作，以防受伤。

约需色珠 40 粒；白珠 27 粒；黑珠 2 粒；红珠 1 粒；小米珠 10 粒。色珠和白珠用透明轮子珠为好。

小狗吊饰

小狗吊饰编制口诀

从后臀开始编。

① 左穿 4 色，回 1 色；　　　　　　　　④

② 左穿 3 色，回 1 色；　　　　　　　　④

③ 右借 1 色，左穿 2 色，回 1 色；④（共编 2 次）

④ 右借 2 色，左穿 1 色，回 1 色。④

（共编 2 组）{
⑤ 左穿 3 色，回 1 色；　　　　　　　　④
⑥ 右借 1 色，左穿 2 色，回 1 色；④（共编 2 次）
⑦ 右借 2 色，左穿 1 色，回 1 色。④
}

倒手（左手拿右线，右手拿左线）开始编头。

① 左穿 3 白，回 1 白；　　　　　　　　④

② 右借 1 色，左穿 2 白，回 1 白；　　　④（共编 2 次）

③ 右借 2（色、白），左穿 1 白，回 1 白。④

④ 左穿 3（白、白、黑），回 1 黑；　　　④

⑤ 右借 1 白，左穿 2（白、黑），回 1 黑；④

★⑥ 右穿 3（白、红、白），回借 3（黑、白、黑），线回至原处（即黑珠右侧）；　　　　　④

⑦ 右借 1 白，左穿 2 白，回 1 白；④

⑧ 右借 2 白，左穿 1 白，回 1 白；④ 头完成。

⑨ 穿 10 粒左右米珠做吊环，然后收尾。

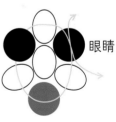

眼睛

红嘴

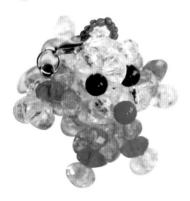

编耳朵（将线移至起始珠处或另用一根鱼线均可）。
左、右耳口诀相同。

① 先借1白（起始珠），左穿2色，右穿1色，回1色；④
② 左穿3白，回1白。　　　　　　　　　　　　④ 收尾。

眼睛　　　　　　　　　　　　　　　　　　　眼睛

左耳起始珠　　　　　　　　右耳起始珠

前腿从头下方的4个色珠开始编。

① 另用一根鱼线穿起始珠（B珠），左线借1色（A珠），穿2（色、白），
线外绕1白后，回借3色（1色、A珠、B珠）；
② 右线借1色（C珠）后，穿2（色、白），线外绕1白后回借2色（1
色、C珠），回1色（B珠）。收尾。

前腿图

后腿和尾巴（双线绕至尾部或另用一根鱼线均可）。

尾巴

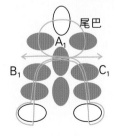

后腿图

① 先借1色（A_1珠），左穿2（色、白），右穿1色，
回1白；④尾巴 。
② 左线绕至B_1珠，下穿2（色、白），线外绕1白
后回借3色（1色、B_1珠、A_1珠）；
③ 右线绕至C1珠，下穿2（色、白），线外绕1白
后回借3色（1色、C_1珠、1色），回1色。
收尾。

约需白珠 148 粒；粉珠 12 粒；黑珠 2 粒；红珠 2 粒；红小珠 2 粒。

双面兔头吊饰

双面兔头吊饰编制口诀

从头顶开始编。

① 左穿 6 白，回 1 白；　　　　　　⑥
② 左穿 5 白，回 1 白；　　　　　　⑥
③ 右借 1 白，左穿 4 白，回 1 白；⑥
④ 右借 1 白，左穿 3 白，回 1 白；⑤
⑤ 右借 1 白，左穿 4 白，回 1 白；⑥
⑥ 右借 1 白，左穿 3 白，回 1 白；⑤
⑦ 右借 2 白，左穿 3 白，回 1 白。⑥

⑧ 右借 1 白，左穿 3（白、黑、白），回 1 白；　　　　　⑤
⑨ 右借 1 白，左穿 4（白、红小、白、白），回 1 白；⑥
⑩ 右借 2 白，左穿 2（黑、白），回 1 白；　　　　　　⑤
⑪ 右借 1 白，左穿 4 白，回 1 白；　　　　　　　　　　⑥
⑫ 右借 2 白，左穿 2 白，回 1 白；　　　　　　　　　　⑤
⑬ 右借 2 白，左穿 3 白，回 1 白；　　　　　　　　　　⑥
后中 ⑭ 右借 1 白，左穿 4 白，回 1 白；　　　　　　　　⑥
⑮ 右借 2 白，左穿 3 白，回 1 白；　　　　　　　　　　⑥
⑯ 右借 2 白，左穿 2 白，回 1 白；　　　　　　　　　　⑤
⑰ 右借 2 白，左穿 3 白，回 1 白；　　　　　　　　　　⑥
⑱ 右借 2（黑、白），左穿 3 白，回 1 白；　　　　　　⑥
⑲ 右借 1 红小，左穿 4 白，回 1 白；　　　　　　　　　⑥
⑳ 右借 3（白、黑、白），左穿 2 白，回 1 白。　　　　⑥

㉑ 右借 1 白，左穿 3 白，回 1 白；　　　　　⑤
㉒ 右借 3 白，左穿 2 白，回 1 白；　　　　　⑥
㉓ 右借 2 白，左穿 2（红、白），回 1 白；⑤
㉔ 右借 1 白，左穿 4（白、红小、白、白），回 1 白；⑥
㉕ 右借 2 白，左穿 2（红、白），回 1 白；　　　　　⑤
㉖ 右借 3 白，左穿 2 白，回 1 白；　　　　　　　　　⑥
㉗ 右借 2 白，左穿 2 白，回 1 白；　　　　　　　　　⑤

★ ㉘ 右借2白，右穿2白，回1白；　　　　　　　　　⑤
★ ㉙ 左借4（白、白、红、白），左穿1白，回1白；⑥
★ ㉚ 右借2白，左借1红小，左穿2白，回1白；　⑥
　 ㉛ 右借3白，左穿1白，回1白。　　　　　⑤ 收尾。

耳朵在头顶中间6珠圈两旁的5珠圈上编。右耳从A珠开始。左耳从B珠开始，口诀相同。

① 另用一根鱼线，先借1白（A珠），左穿3（白、粉、白），回1白；④
② 右借1白，左穿2白，回1白；　　　④（共编2次）
③ 右借1白，左穿2（粉、白），回1白；④
④ 右借2白，左穿1白，回1白。　　　④

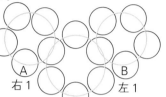

⑤ 左穿3白，回1白；　　　　　　　④
⑥ 右借1粉，左穿2（粉、白），回1白；④
⑦ 右借1白，左穿2白，回1白；　　④（共编2次）
⑧ 右借2（粉、白），左穿1粉，回1粉。④

⑨ 左穿3（白、粉、白），回1白；　　④
⑩ 右借1白，左穿2白，回1白；　　④
⑪ 右借1粉，左穿2（粉、白），回1白；④
⑫ 右借1白，左穿2白，回1白；　　④
⑬ 右借2白，左穿1白，回1白。　　④

收耳朵尖。

① 左穿2白，回1白；　　　　　③
② 右借1粉，左穿2白，回1白；④
③ 右借1白，左穿1白，回1白；③
④ 右借1粉，左穿2白，回1白；④
⑤ 右借2白，左穿1白，回1白；④
⑥ 将耳朵尖处3粒白珠穿1圈鱼线后收尾，在两耳中间6珠上加吊绳或固定环。

双面兔头吊饰的特点是一面使用黑色珠编眼睛；另一面用红色珠编眼睛，使之更加生动有趣！

约需白珠 60 粒；色珠 54 粒；黑小珠 2
粒；黄珠 19 粒；小色珠 20～30 粒。

鸭宝宝

鸭宝宝编制口诀

从头顶开始。

① 左穿6色，回1色；　　　　　　⑥
② 左穿3色，回1色；　　　　　　④
③ 右借1色，左穿2色，回1色；④（共编4次）
④ 右借2色，左穿1色，回1色。④

> ⑤ 左穿4白，回1白；　　　　　⑤
> ⑥ 右借1色，左穿3白；　　　　⑤（共编3次）
> ⑦ 右借1色，左穿3白；　　　　⑤ 前中
> ⑧ 右借2（色、白），左穿2白。⑤

⑨ 右借1白，左穿4白，回1白；　　　　　　⑥
⑩ 右借2白，左穿3白，回1白；　　　　　　⑥（共编3次）
⑪ 右借1白，左穿2（黄、黑），回1黑（左眼）；　④
⑫ 右借1白，左穿2［黄（A珠）、白］，回1白；　④
⑬ 右借1白，左穿2［黄（B珠）、黑］，回1黑（右眼）；④
⑭ 右借2白，左穿1黄，回1黄。　　　　　　④

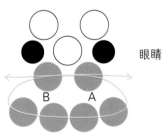
眼睛

★⑮ 左穿4黄，回借2黄（A、B珠）；　　　　　　⑥ 上嘴
⑯ 右借2（黄、白），左穿4（黄、白、白、白），回1白；⑥
⑰ 右借2白，左穿2白，回1白；　　　　　　⑤（共编3次）
⑱ 右借2（白、黄），左穿3（白、白、黄），回1黄；⑥
★⑲ 左穿1黄，左借1白，右线沿6圈珠借4（黄、白、白、白），
　　左穿1白，回1白。　　　　　　　④ 前下中

颈成 6 珠，接编身体。

① 左穿 3 白，回 1 白；	④ 前中
② 右借 1 白，左穿 2 白，回 1 白；	④
③ 右借 1 白，左穿 3 色，回 1 色；	⑤
④ 右借 1 白，左穿 2 色，回 1 色；	④ 后中
⑤ 右借 1 白，左穿 3（色、色、白），回 1 白；⑤	
⑥ 右借 2 白，左穿 1 白，回 1 白。	④

⑦ 左穿 3（色、色、白），回 1 白；④
⑧ 右借 1 白，左穿 2 白，回 1 白；④ 前中
⑨ 右借 1 白，左穿 2 色，回 1 色；④
⑩ 右借 1 色，左穿 3 色，回 1 色；⑤
⑪ 右借 1 色，左穿 2 色，回 1 色；④
⑫ 右借 1 色，左穿 3 色，回 1 色；⑤
⑬ 右借 1 色，左穿 2 色，回 1 色；④
⑭ 右借 2 色，左穿 2 色，回 1 色。⑤

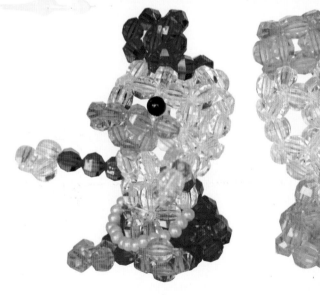

★ ⑮ 右借 1 色，右穿 2 色，回 1 色；④
★ ⑯ 左借 3 色，左穿 1 色，回 1 色；⑤（共编 2 次）
★ ⑰ 左借 2 色，左穿 1 色，回 1 色。④

右脚（头朝下）。

① 借白珠旁 1 色珠（c 珠），左穿 2（色、黄），右穿 1 色，
　回 1 黄；　　　　　④
② 左穿 3 黄，回 1 黄。④　收尾。

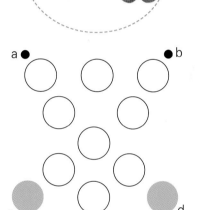

左脚（头朝下）。

另用一根鱼线先借 1 色珠（d 珠），按上述口诀编穿即可。

上肢。

另用两根鱼线分别单线穿 3 白，再分别左、右线共穿 3
色，编出一对分别固定在颈下两旁的 a 处和 b 处。

为了美观可在前胸下方加穿 1 圈小色珠。

约需色珠 78 粒；白珠 9 粒；黑珠 2 粒；
红小珠 1 粒。

动物小精灵

动物小精灵编制口诀

从头顶开始编。

① 左穿 5 色，回 1 色；　　　　　　　　　　　⑤

② 左穿 4（黑、色、白、色），回 1 色；　　　　⑤

③ 右借 1 色，左穿 3（白、色、黑），回 1 黑；⑤

④ 右借 1 色，左穿 3 色，回 1 色；　　　　　⑤（共编 2 次）

⑤ 右借 2（色、黑），左穿 2 色，回 1 色。　　⑤

⑥ 右借 1 色，左穿 3（色、色、白），回 1 白；　　　　⑤

★⑦ 右借 1 白，右穿 1 红小，再右借 1 白，左穿 2 白，回 1 白；⑥

⑧ 右借 2 色，左穿 2 色，回 1 色；　　　　⑤（共编 2 次）

⑨ 右借 3 色，左穿 1 色，回 1 色。　　　　⑤ 头部完成。

接编身体。

① 左穿 4 色，回 1 色；　　　　　　　　　⑤

② 右借 1 色，左穿 3（色、色、白），回 1 白；⑤

★③ 左穿 3 色，回借 1 白，线回原处，为左前肢；④

④ 右借 1 白，左穿 3 白，回 1 白；　　　　⑤ 正前 5 白珠

★⑤ 右穿 3 色，回借 1 白，线回原处，为右前肢；④

⑥ 右借 1 色，左穿 3 色，回 1 色；　　　　⑤

⑦ 右借 2 色，左穿 2 色，回 1 色。　　　　⑤

⑧ 右借 1 色，左穿 3 色，回 1 色；　　　　⑤

⑨ 右借 2 色，左穿 2 色，回 1 色；　　　　⑤

⑩ 右借 2（色、白），左穿 2 色，回 1 色；⑤

⑪ 右借 2（白、色），左穿 2 色，回 1 色；⑤

⑫ 右借 3 色，左穿 1 色，回 1 色。　　　　⑤ 身体完成。

腿。

1 此时线在 A 珠两侧，左穿 4 色，回 1 色；　　　⑤ 左后腿

2 将左、右线穿至 B 珠两侧，左穿 4 色，回 1 色。⑤ 右后腿。

后

A　　　　　　B

臀下 5 珠（头朝下）

尾巴位于臀后 5 色珠上。

1 另用一根鱼线先借 3 色（1 号珠、2 号珠、3 号珠），左穿 1 色（4 号珠），
回 1 色（4 号珠）；　　　　　　　　　　　　　　　④

2 左穿 2 色，右穿 2 色，回 1 色；　　　　　　　⑤

3 右穿 1 色，回借 2 色，左线回借 2 色，回 1 色（4 号珠）。⑤ 收尾。

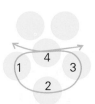

臀后 5 色珠

耳朵。在头顶上 2 色珠（a 珠、b 珠）上编左、右耳。

1 另用一根鱼线先借 1 色珠（a 珠），左穿 3 色，右穿 3 色，回 1 色；⑦

★ 2 右穿 1 色，回借 3 色；左线回借 3 色，回 1 色（a 珠），为右耳；

3 将左、右线穿至 b 珠两侧，用上述口诀编好为左耳。

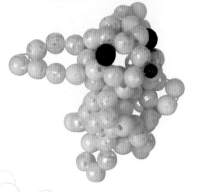

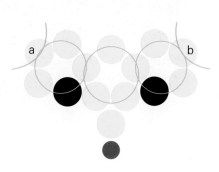

a　　　　　　　　　　　　b

约需白珠 31 粒; 红珠 29 粒; 黑珠 10 粒;
粉珠 8 粒; 蓝珠 2 粒。

圣诞老人卡通版

圣诞老人卡通版编制口诀

从头开始编，帽子后穿。

1 左穿4红，回1红；　　　　　　　　　　④
2 左穿4（红、白、白、红），回1红；　　　⑤
3 右借1红，左穿3（白、白、红），回1红；⑤（共编2次）
★ 4 右借2红，右穿2白，回1白。　　　　　⑤

---

5 左穿3（黑、粉、白），回1白；　　　　④
6 右借1白，左穿2（粉、黑），回1黑；　　④
7 右借2白，左穿3（粉、粉、黑），回1黑；⑥
8 右借1白，左穿2（粉、白），回1白；　　④
9 右借1白，左穿2（粉、黑），回1黑；　　④
10 右借3（白、白、黑），左穿2粉，回1粉。⑥

---

11 左穿4白，回1白；　　　　　　　　　　⑤
12 右借1粉，左穿2白，回1白；　　　　　④
★ 13 左穿3（红、蓝、红），回借1白，线回到原处，为一只手；　　　　　　　　　④
14 右借1粉，左穿2白，回1白；　　　　　⑤
（共编2次）15 右借1粉，左穿3白，回1白；　④
16 右借1粉，左穿2白，回1白；　　　　　④
★ 17 左穿3（红、蓝、红），回借1白，线回到原处，为另一只手；　　　　　　　④
18 右借1粉，左穿2白，回1白；　　　　　⑤
19 右借2（粉、白），左穿2白，回1白。⑤

⑳ 右借1白，左穿4红，回1红； ⑥

㉑ 右借1白，左穿2（黑、红），回1红； ④

㉒ 右借2白，左穿1红，回1红； ④

★㉓ 右借1白，左借1黑，左穿2黑后回借1黑，线回到原处；左穿1红，回1红； ④

★㉔ 右借2白，左借2红（共用红珠），左穿1红，回1红；⑥

㉕ 右借1白，左穿2（黑、红），回1红；④

㉖ 右借2白，左穿1红，回1红； ④

㉗ 右借1白，左借1黑，左穿2黑后回借1黑，线回到原处；再借1红，回1红。 ④ 收尾。

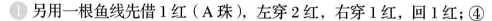

加帽子。从头顶4红珠开始。

① 另用一根鱼线先借1红（A珠），左穿2红，右穿1红，回1红；④

② 左穿1红，左借1红（B珠），左穿1红，回1红； ④

③ 左穿3（红、白、红），回1红； ④

④ 右借2红，左借1白，回1白。 ④ 收尾。

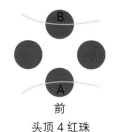

前

头顶4红珠

约需黄珠 41 粒；绿珠 32 粒；黑小珠 2 粒；红小珠 1 粒；黄小珠 1 粒；固定环 1 个。

乌龟吊饰

乌龟吊饰编制口诀

从腹部中间 5 珠开始编。

1 左穿 5 绿，回 1 绿；　　　　　　　　　　　　　⑤
2 左穿 4（绿、黄、黄、绿），回 1 绿；　　　　　　⑤
3 右借 1 绿，左穿 3（黄、黄、绿），回 1 绿；　　⑤（共编 2 次）
4 右借 1 绿，左穿 4（黄、黄、绿、绿），回 1 绿；⑥
5 右借 2 绿，左穿 3（绿、黄、黄），回 1 黄。　　⑥

★ 6 右穿 3 绿，回借 1 黄（线回原处，为左前腿），左穿 3 黄，回 1 黄；④
7 右借 1 黄，左穿 2 黄，回 1 黄；④
★ 8 右借 1 黄，右穿 3 绿，回借 1 黄（左后腿），左穿 2 黄，回 1 黄；④
9 右借 1 黄，左穿 2 黄，回 1 黄；④
10 加尾巴：右穿 3（黄、黄、黄小），线外绕黄小，回借 2 黄，线回原处；
11 右借 1 黄，左穿 2 黄，回 1 黄；④
★ 12 右借 1 黄，右穿 3 绿，回借 1 黄，线回到原处，为右后腿，左穿 2 黄，回 1 黄；④
13 右借 1 黄，左穿 2 黄，回 1 黄；④
★ 14 右借 1 黄，右穿 3 绿，回借 1 黄，为右前腿，左穿 2 黄，回 1 黄；④
15 右借 1 黄，左穿 2（黄、绿），回 1 绿；④
16 右借 2 绿，左穿 2 绿，回 1 绿；⑤ 前中
17 右借 2 黄，左穿 1 黄，回 1 黄。④

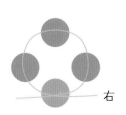
右

★ ⑱左借2（绿、黄），左穿3黄，回1黄；⑥
背中部，加固定环

⑲右借2黄，左穿2黄，回1黄；　　　　⑤（共编3次）

⑳右借3黄，左穿1黄，回1黄。　　　　⑤收尾。

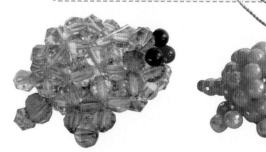  

编头部。头从龟背前的一粒绿珠（A珠）开始编（可先借A珠，也可将左、右线绕到A珠的两侧）。

❶左穿2绿，右穿1绿，回1绿；　　　　　　　　④

★ ❷左穿2（黑小、红小），右穿1黑小，回1红小；　④

★ ❸左穿1绿，左借1绿（A珠），右穿1绿，回1绿。④收尾。

约需黄珠 74 粒；红珠 22 粒；小黄珠 13 粒；小黑珠 2 粒；黑珠 1 粒；小红珠或棕色珠 1 粒。

尼尼熊

尼尼熊编制口诀

从下向上编。

① 左穿 6 黄，回 1 黄；　　　　　　　⑥

② 左穿 3 黄，回借 1 黄，线回到原处为
一条腿；　　　　　　　　　　　　④

③ 左穿 4 黄，回 1 黄；　　　　　　　⑤

④ 右借 1 黄，左穿 3 黄，回 1 黄；　　⑤

★⑤ 右穿 2（黄、黄小），线外绕 1 黄小，
回借 1 黄，左穿 3 黄，回 1 黄；　　⑤ 尾

⑥ 右借 1 黄，左穿 3 黄，回 1 黄；　　⑤

⑦ 右借 1 黄，右穿 3 黄，回借 1 黄，为
另一条腿；　　　　　　　　　　　④

⑧ 右借 1 黄，左穿 3 黄，回 1 黄；　　⑤

⑨ 右借 2 黄，左穿 2 黄，回 1 黄。　　⑤

⑩ 右借 1 黄，左穿 4（黄、红、红、黄），回 1 黄；⑥

⑪ 右借 2 黄，左穿 3（红、红、黄），回 1 黄；　　⑥（共编 4 次）

⑫ 右借 3 黄，左穿 2 红，回 1 红。　　⑥ 正前

⑬ 右借 1 红，左穿 3（红、黄、红），
回 1 红；　　　　　⑤

⑭ 右穿 3（红、黄、红），回借 1 红为一
只手，再右借 2 红，左穿 2（黄、红），
回 1 红；　　　　　⑤

⑮ 右借 2 红，左穿 2（黄、红），
回 1 红；　　　　　⑤（共编 3 次）

⑯ 左穿 3（红、黄、红），回借 1 红
为另一只手，再右借 3 红，左穿
1 黄，回 1 黄。⑤

身体完成 。

此时颈上成 6 黄珠，线位于 a 珠处。

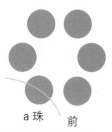

⑰ 左穿 4 黄，回 1 黄；　　　　　　⑤

⑱ 右借 1 黄，左穿 3 黄，回 1 黄；⑤（共编 4 次）

⑲ 右借 2 黄，左穿 2 黄，回 1 黄。⑤

a 珠　　前

⑳ 右借 1 黄，左穿 3（黄、黄、黑小），回 1 黑小；⑤

★㉑ 右借 1 黄，右穿 1 红小，再右借 1 黄，左穿 2（黄、黑小），回 1 黑小；　　　　　　　　　⑤

★㉒ 右穿 3（黄小、黑、黄小），回借 3〔黑小（右眼）、黄、黑小（左眼）〕，右线至左眼的右侧（见图 1）；⑥

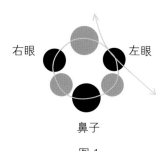

图 1

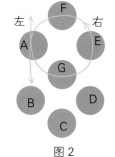

图 2

㉓ 右借 2 黄，左穿 2 黄，回 1 黄；⑤（共编 3 次）

㉔ 右借 3 黄，左穿 1 黄，回 1 黄；⑤

㉕ 此时头顶成 6 黄珠（A、B、C、D、E、F 珠），左借 2 黄（F、E 珠），左穿 1 黄（G 珠），回 1 黄（A 珠），（见图 2）；　　　　　④

㉖ 线绕 6 珠穿 1 圈后收尾。

耳朵。

左右耳编法相同，但是起始珠不同。

① 另用一根鱼线先借 2 黄（a_1、b_1 珠），左穿 1 黄小，回 1 黄小；　　③

② 左穿 4 黄小，回 1 黄小；⑤ 右耳完成。

左耳先借 2 黄（a_2、b_2 珠），其口诀同右耳。

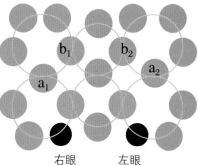

右眼　　左眼

约需白珠 115 粒；小白珠 34 粒；小粉珠 10 粒；红珠 3 粒；色珠 6 粒；大色珠 1 粒；金色球或胡萝卜 1 个。

卡通兔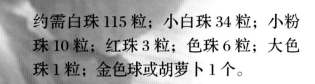

卡通兔编制口诀

从头顶开始编。

① 左穿 4 白，回 1 白；　　　　　　　　　　　④
② 左穿 5 白，回 1 白；　　　　　　　　　　　⑥
③ 右借 1 白，左穿 4 白，回 1 白；　　　　　　⑥
④ 右借 1 白，左穿 4（白、红、白、白），回 1 白；⑥
⑤ 右借 2 白，左穿 3（白、红、白），回 1 白。　⑥

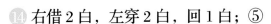

⑥ 右借 1 白，左穿 3 白，回 1 白；⑤
⑦ 右借 1 白，左穿 4 白，回 1 白；⑥
⑧ 右借 2 白，左穿 2 白，回 1 白；⑤
⑨ 右借 1 白，左穿 4 白，回 1 白；⑥
⑩ 右借 2 白，左穿 2 白，回 1 白。⑤

⑪ 右借 1 红，左穿 4 白，回 1 白；　　　　⑥
⑫ 右借 2 白，左穿 2（红、白），回 1 白；⑤
⑬ 右借 2（红、白），左穿 3 白，回 1 白。⑥

⑭ 右借 2 白，左穿 2 白，回 1 白；⑤
⑮ 右借 1 白，左穿 2 白，回 1 白；④
⑯ 右借 3 白，左穿 1 白，回 1 白；⑤
⑰ 右借 1 白，左穿 2 白，回 1 白；④
⑱ 右借 3 白，左穿 1 白，回 1 白；⑤
⑲ 右借 1 白，左穿 2 白，回 1 白；④
⑳ 右借 3 白（白、红、白），左穿 1 白，
　　回 1 白；　　　　　　　　　　⑤
㉑ 右借 2 白，左穿 1 白，回 1 白。④

从颈部 4 珠开始编身体。此时线在 B 珠两侧，右借 2 白（C、D 珠），使左、右线位于 A 珠两侧，沿着 A、B、C、D 顺序编（头朝下）。

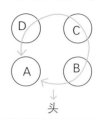

① 左穿 4 白，回 1 白；⑤
② 右借 1 白，左穿 3 白，回 1 白；⑤
③ 右借 1 白，左穿 4 白，回 1 白；⑥
④ 右借 2 白，左穿 3 白，回 1 白。⑥

⑤ 右借 1 白，左穿 2 白，回 1 白；④
⑥ 右借 2 白，左穿 3 白，回 1 白；⑥ 前胸中
⑦ 右借 2 白，左穿 1 白，回 1 白；④
★⑧ 左借 1 白，左穿 4 白，回 1 白；⑥ 右前胸
⑨ 右借 1 白，左穿 3 白，回 1 白；⑤（共编 4 次）
⑩ 右借 3 白，左穿 2 白，回 1 白。⑥

⑪ 右借 1 白，左穿 4 白，回 1 白；⑥ 前中下
⑫ 右借 2 白，左穿 2 白，回 1 白；⑤
⑬ 右借 2 白，左穿 3 白，回 1 白；⑥
⑭ 右借 2 白，左穿 3 白，回 1 白；⑥ 后中下
⑮ 右借 2 白，左穿 3 白，回 1 白；⑥
⑯ 右借 3 白，左穿 1 白，回 1 白。⑤

★⑰ 左穿 3 色（左脚），回借 1 白，右借 1 白，左借 1 白，
　　左穿 2 白，回 1 白；　　　　⑤
★⑱ 右借 2 白，右穿 3 色（右脚），回借 1 白，
　　右借 1 白，左穿 1 白，回 1 白；⑤
⑲ 右借 2 白，左穿 1 白，回 1 白；④
⑳ 右穿 1 大色珠（尾巴），右借 3 白，
　　回 1 白。　　　　　　　　④ 收尾。

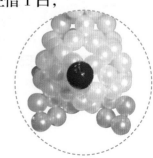

耳朵。分别从头顶 4 白珠旁的两粒白珠（A、B 珠）开始编，编法相同，如果用小 1 号的珠子编更美观。下面以右耳为例。

① 另用一根鱼线先借 1 白（A 珠），左穿 4〔白小、白小、粉小（A_1珠）、粉小（A_2珠）〕，右穿 2 白小，回 1 粉小（A_2珠）；⑦

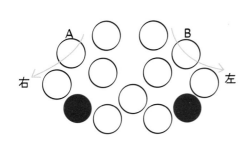

A珠

★② 右穿 4〔白小、白小、粉小（A_3珠）、粉小（A_4珠）〕，回 1 粉小（A_4珠）；⑤

★③ 左借 1 粉小（A_1珠），左穿 3〔白小、白小、粉小（A_5珠）〕，回 1 粉小（A_5珠）；⑤

★④ 左穿 4 白小，右借 1 粉小（A_3珠）后，再右穿 4 白小，回 1 白小；⑩

★⑤ 右穿 1 白小（耳朵尖），线外绕 1 白小沿原线回借 8 白小至耳根（A珠）；左线回借另一侧的 8 白小至耳根（A珠）。收尾。

前肢。

另用一根鱼线，先借颈下 2 白（a、b 珠），左穿 5（白、白、金色球或胡萝卜、白、白）后收尾。

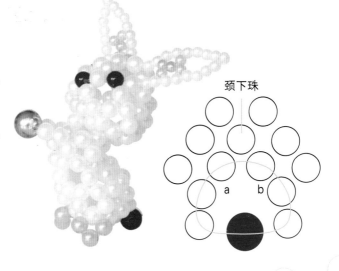

颈下珠

约需红珠 34 粒；黑珠 38 粒；红小珠 32 粒；黑小珠 34 粒；白珠 22 粒；白小珠 12 粒；黄珠 6 粒；黑大珠 1 粒。

米鼠吊饰

米鼠吊饰编制口诀

从头顶开始编。

① 左穿 5 黑，回 1 黑；⑤
② 左穿 4（白、白、黑、黑），回 1 黑；⑤
③ 右借 1 黑，左穿 3 黑，回 1 黑；⑤（共编 2 次）
④ 右借 1 黑，左穿 3（黑、白、白），回 1 白；⑤
⑤ 右借 2（黑、白），左穿 1 白，回 1 白。④ 正前

⑥ 左穿 4（黑小、白小、白小、黑小），回 1 黑小；⑤
⑦ 右借 1 白，左穿 3（白、白、黑），回 1 黑；⑤
（共编 3 次）⑧ 右借 2 黑，左穿 2 黑，回 1 黑；⑤
⑨ 右借 2（白、黑小），左穿 2 白，回 1 白。⑤

⑩ 右借 1 白小，左穿 2 白，回 1 白；④
★⑪ 右穿 1 黑大，右借 2（白小、白），左穿 1 白，回 1 白；④
★⑫ 右借 1 白，左借 2 白，左穿 1 黑，回 1 黑。⑤

颈成 4 黑珠，接编身体。

① 左穿 4 黑，回 1 黑；⑤ 正前
（共编 2 次）② 右借 1 黑，左穿 2 黑，回 1 黑；④
③ 右借 2 黑，左穿 1 黑，回 1 黑。④

④ 左穿 4（黑、红、红、黑），回 1 黑；⑤
⑤ 右借 1 黑，左穿 3（红、红、黑），回 1 黑；⑤（共编 3 次）
⑥ 右借 2 黑，左穿 2 红，回 1 红。⑤

⑦ 右借 1 红，左穿 3 红，回 1 红；⑤
⑧ 右借 2 红，左穿 2 红，回 1 红；⑤（共编 3 次）
⑨ 右借 3 红，左穿 1 红，回 1 红。⑤ 收尾。

下肢（此时上身结尾处成 5 红珠）。

① 另用一根鱼线单线穿 3 黄，再左、右线共穿 4（白、白、黑、红小）；

② 做两个下肢，分别固定在图中的 a、b 处。为使下肢方向向下，固定时线要由下向上借珠。

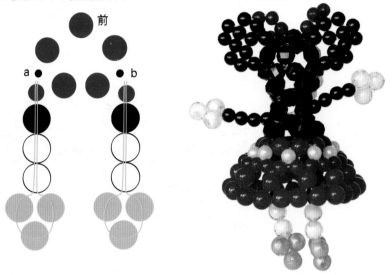

上肢。

① 另用一根鱼线单线穿 3 白，再左、右线共穿 4 黑小；

② 双线穿过颈侧 4 黑珠的空洞，从一侧直穿至另一侧；

③ 用单线穿 7（黑小、黑小、黑小、黑小、白、白、白），回借 4 黑小，通过回穿身体上的珠子将其固定在身体上。

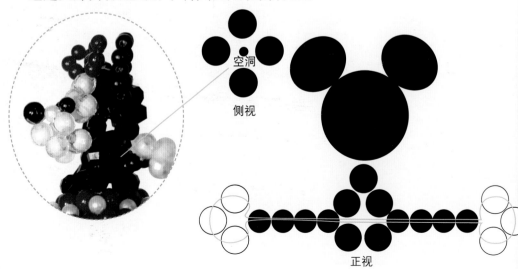

耳朵。另用一根鱼线穿两只耳朵，口诀如下。

① 左穿 4 黑小，回 1 黑小；　　　　　　　　　　④

② 左穿 3 黑小，回 1 黑小；　　　　　　　　　　④（共编 2 次）

③ 右借 1 黑小，右穿 1 黑小，左穿 1 黑小，左、右线同回 1 黑（A 珠
　　或 B 珠），将其固定头顶 5 黑珠旁的 A 珠或 B 珠上；⑤

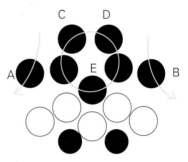

眼睛

④ 在头顶 C、D 珠穿上鱼线吊起来；

⑤ 在 E 珠两侧各穿 5 红小，作为蝴蝶结。

编裙子（头朝下）。

① 另用一根鱼线，先借腰中 1 红，左穿 4（白小、红小、红小、白小），
　　回 1 白小；　　　　　　　　　　　　　　　　⑤

② 右借 1 红，左穿 3（红小、红小、白小），回 1 白小；⑤（共编 8 次）

③ 右借 2（红、白小），左穿 2 红小，回 1 红小。　　⑤

④ 右借 1 红小，左穿 4 红，回
　　1 红；　　　　　　⑥

⑤ 右借 2 红小，左穿 3 红，回
　　1 红；　　　　⑥（共编 8 次）

⑥ 右借 3（红小、红小、红），左
　　穿 2 红，回 1 红。⑥收尾。

约需白珠 98 粒；黑珠 2 粒；红珠 1 粒；色珠 2 粒；色小珠 1 粒；白小 2 粒；颈部小花珠 20 ～ 30 粒；大珠 1 粒；铜钱 1 枚。

招财猫

招财猫编制口诀

从臂下开始编。

① 左穿5白，回1白；　　　　　　　⑤
② 左穿4白，回1白；　　　　　　　⑤
③ 右借1白，左穿3白，回1白；⑤（共编3次）
④ 右借2白，左穿2白，回1白；⑤

　　　　　　　⑤ 右借1白，左穿4白，回1白；⑥
（共编3次）⑥ 右借2白，左穿3白，回1白；⑥
　　　　　　　⑦ 右借3白，左穿2白，回1白。⑥

⑧ 右借1白，左穿3白，回1白；⑤
⑨ 右借2白，左穿2白，回1白；⑤
　　（共编3次）

★⑩ 此时线在A珠处，右借3白至B珠，再斜借3白（C、D、E珠）；左线斜借1白（F珠），回1白（F珠）；　　④
⑪ 从白珠（F珠）续编猫头。

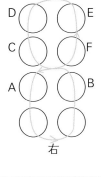

⑫ 左穿4白，回1白；　　　　　　　⑤
⑬ 右借1白，左穿3白，回1白；⑤
★⑭ 左穿3白，回1白；　　　　　　　④
⑮ 右借1白，左穿3白，回1白；⑤（共编2次）
⑯ 右借1白，左穿3（白、红、白），回1白。⑤

⑰ 右借1白，左穿3（白、黑、白），回1白；⑤
⑱ 右借2白，左穿2白，回1白；　　　⑤（共编2次）
⑲ 左穿3白，回1白；　　　　　　　　④
★⑳ 右借2白，左穿2白，回1白；　　　⑤（共编2次）
㉑ 右借2白，左穿2（黑、白），回1白；⑤
㉒ 右借2（红、白），左穿2白，回1白。⑤

D○○E
C○○F
A○○B
○○
右

封头顶。前脸两白珠为 B_1、A_1 珠，后头两白珠为 B_5、A_5 珠。

① 此时线在白珠（A_1 珠）两侧。右借 3（黑 A_2、白 A_3、白 A_4 珠），右穿 3 白，回 1 白（A_4 珠），为左耳；

② 右线再借 5（白 A_5、白 B_1、黑 B_2、白 B_3、白 B_4 珠），右穿 3 白，回 1 白（A_4 珠），绕（A_5、白 B_1、黑 B_2、白 B_3、白 B_4 珠）。收尾。

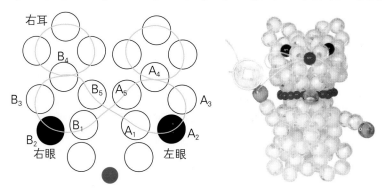

前肢。

① 另用两根鱼线分别穿 1 色，再分别左、右线共穿 2 白，左、右线分开，分别固定在图中的 a 处和 b 处。

② 如果右前肢加铜钱或元宝，可先穿铜钱或元宝再左、右线共穿 3（色、白、白）后固定在 a 或 b 处。

左、右腿。

另用一根鱼线先借图中的 2 白（a_1、b_1 珠）或（a_2、b_2 珠），左穿 3 白，回 1 白；⑤ 收尾。

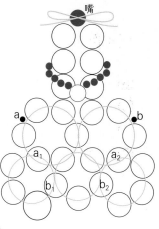

尾巴。

另用一根鱼线左穿 1 色小，左、右线共穿 6（白小、白小、白、白、白、白），左右线分开，将其固定在臀部 5 珠上。

用鱼线在猫嘴珠上加胡须。

项链。用 20 ~ 30 粒小珠绕颈穿一圈，再加穿 1 粒大珠收尾即可。

约需白珠 20 粒；绿珠 56 粒；黑珠 4 粒；
红珠 6 粒；固定环 1 个。

青蛙头吊饰

青蛙头吊饰编制口诀

从中间开始编。

① 左穿6（绿、绿、绿、红、红、红），回1红；⑥

② 左穿5绿，回1绿；⑥

③ 右借1红，左穿4绿，回1绿；⑥（共编2次）

④ 右借1绿，左穿4（绿、绿、白、绿），回1绿；⑥

⑤ 右借1绿，左穿4（白、绿、白、绿），回1绿；⑥（加固定环）

⑥ 右借2绿，左穿3（白、绿、绿），回1绿。⑥

⑦ 右借1绿，左穿3绿，回1绿；⑤（共编2次）

⑧ 右借2绿，左穿2绿，回1绿；⑤

⑨ 右借1绿，左穿4（绿、红、绿、绿），回1绿；⑥
（此6珠为青蛙头的背面）

⑩ 右借2绿，左穿2绿，回1绿；⑤

⑪ 右借1绿，左穿3绿，回1绿；⑤

⑫ 右借2绿，左穿2绿，回1绿。⑤

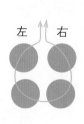

⑬ 右借1绿，左穿2绿，回1绿；④

★ ⑭ 左线回借3绿，将左、右线置于两粒绿珠的中间；

⑮ 右借2白，左穿2白，回1白；④

⑯ 右借1绿，左穿4（绿、绿、绿、白），回1白；⑥

⑰ 右借2白，左穿1白，回1白；④

★ ⑱ 左回借3白，将左、右线置于两粒白珠中间；

★ ⑲ 右借 2 绿，左穿 2 绿，回 1 绿；　　　　　　　　④

　⑳ 右借 2 绿，左穿 2 绿，回 1 绿；　　　　　　　　⑤

★ ㉑ 右借 3 绿，右穿 2（红、绿），回 1 绿；　　　　　⑥

★ ㉒ 左借 4（绿、绿、白、绿），左穿 1 绿，回 1 绿；　⑥

★ ㉓ 右借 2 红，左借 1 绿，左穿 2（绿、红），回 1 红；⑥

　㉔ 右借 3 绿，左穿 2 绿，回 1 绿；　　　　　　　　⑥

　㉕ 右借 3 绿，左穿 1 绿，回 1 绿。　　　　　　　　⑤ 收尾。

编眼睛。

左、右眼都在头顶两侧的 4 粒白珠上编，一侧从 A 珠开始，另一侧从 A₁ 开始，口诀相同。

❶ 另用一根鱼线先借 1 白（A 珠），左穿 3（白、白、黑），回 1 黑；　④

❷ 右借 1 白（B 珠），左穿 2 白，回 1 白；　　　　　　　　　　④

❸ 右借 1 白（C 珠），左穿 2（白、黑），回 1 黑；　　　　　　　④

❹ 右借 2 白（D 珠和 1 粒白珠），左穿 1 白，回 1 白；　　　　　④

❺ 左线或者右线在眼睛上方 4 白珠穿一圈后收尾。

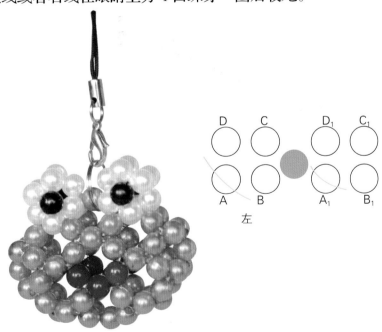

左

约需白珠 81 粒；色珠 73 粒；黑珠 3 粒；
红珠 1 粒；小白珠 2 粒；小红珠 1 粒。

卡通鼠

卡通鼠编制口诀

从头开始编，头为白色，其他部分的颜色可自己选择。

① 左穿5白，回1白；　　　　　　　　⑤
② 左穿4白，回1白；　　　　　　　　⑤
③ 右借1白，左穿3白，回1白；⑤（共编3次）
④ 右借2白，左穿2白，回1白。⑤

⑤ 右借1白，左穿4（白、白、黑、白），回1白；⑥
（共编3次）⑥ 右借2白，左穿3白，回1白；　　　　⑥
⑦ 右借3白，左穿2（黑、白），回1白。⑥

⑧ 右借1白，左穿3白，回1白；　　　　⑤ 前正中
⑨ 右借2（黑、白），左穿2白，回1白；　⑤
⑩ 右借2白，左穿2白，回1白；　　　　⑤（共编2次）
⑪ 右借3（白、黑、白），左穿1白，回1白。⑤

编鼻、嘴。

★⑫ 左借3白，线至A珠左侧，倒手（左手拿右线，右手拿左线），
　　左穿2白，右穿1白，回1白（头朝下）；④
⑬ 左穿2白，回1白；　　　　　　　　③ 正前3白珠
⑭ 左回借1白，左穿1黑（鼻），再回借1白，左借1白，左右线
　　共穿1大红（嘴）后，两线分开，分别将线移到颈部6白珠
　　的B珠两侧。

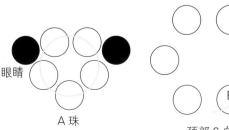

眼睛

A珠

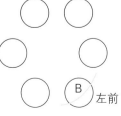

颈部6白珠

B 左前

接编身体。

① 先借1白（B珠），左穿3色，回1色；④

② 右借1白，左穿2色，回1色；　　　④（共编4次）

③ 右借2（白、色），左穿1色，回1色。④

④ 左穿4色，回1色；　　　　⑤ 胸前

⑤ 右借1色，左穿3色，回1色；⑤（共编4次）

⑥ 右借2色，左穿2色，回1色。⑤

---

⑦ 右借1色，左穿4（色、白、白、色），回1色；⑥

前中 ⑧ 右借2色，左穿3（白、白、色），回1色；　　⑥

（共编3次）⑨ 右借2色，左穿3（白、白、色），回1色；　　⑥

⑩ 右借3色，左穿2白，回1白。　　　　⑥

---

⑪ 右借1白，左穿3白，回1白；　　⑤

★⑫ 左穿3（白、色、白），回借1白；④ 左腿

⑬ 右借2白，左穿2白，回1白；　　⑤（共编2次）

★⑭ 左穿3（白、色、白），回借1白；④ 右腿

⑮ 右借2白，左穿2白，回1白；　　⑤（共编2次）

★⑯ 右穿9（色、色、色、白、白、白、白小、白小、红小），
线外绕1红小后回穿8（白小、白小、白、白、白、
色、色、色）；尾巴。

⑰ 右借3白，左穿1白，回1白。　　⑤ 收尾。

尾尖或尾中可固定在身体上，以美观为准。

编耳朵。

右耳、左耳均沿着 A_1、B_1、C_1 或 A_2、B_2、C_2 的顺序编，其口诀相同。下面以右耳为例。

①　另用一根鱼线先借 1 白（A_1 珠），左穿 4 色，回 1 色；　⑤

②　右借 1 白（B_1 珠），左穿 2 色，回 1 色；　　　　　　④

★③　右借 1 白（C_1 珠），右穿 4 色，回 1 色；　　　　　　⑥

★④　左借 2 色，左穿 3 色，回 1 色。　　　　　　　　⑥　收尾。

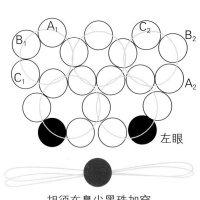

左眼

胡须在鼻尖黑珠加穿

两前肢。

另用两根鱼线分别左穿 1 白，再分别左、右线共穿 3 色，左右线分开，分别固定在胸前的 a 处和 b 处。

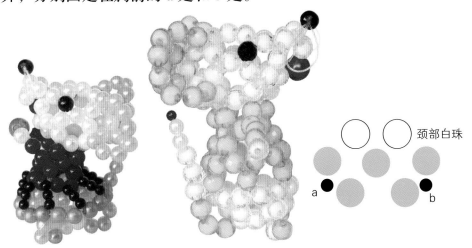

颈部白珠

a　　　　　　　b

约需白珠 131 粒；粉珠 55 粒；粉小珠
10 粒；绿珠 12 粒；棕小珠 3 粒；黑小
珠 2 粒；黑珠 2 粒。

卡通猪

卡通猪编制口诀

从鼻子开始编。

① 左穿 5 小（棕小、棕小、黑小、棕小、黑小），回 1 黑小；⑤
② 左穿 3 白，回 1 白；　　　　　　　　　　④
③ 右借 1 棕小，左穿 2 白，回 1 白；　　　④（共编 2 次）
④ 右借 1 黑小，左穿 2 白，回 1 白；　　　④
⑤ 右借 2（棕小、白），左穿 1 白，回 1 白。④

⑥ 左穿 5 白，回 1 白；　　　　　　　　　　⑥ 前正中
⑦ 右借 1 白，左穿 4（黑、白、白、白），回 1 白；⑥
⑧ 右借 1 白，左穿 4 白，回 1 白；　　　　⑥（共编 2 次）
⑨ 右借 2 白，左穿 3（白、白、黑），回 1 黑。⑥

⑩ 右借 1 白，左穿 4 白，回 1 白；　　　　⑥
⑪ 右借 1 白，左穿 3 白，回 1 白；　　　　⑤ 前正中
⑫ 右借 2（白、黑），左穿 3 白，回 1 白；⑥

（共编 3 组）⎰ ⑬ 右借 1 白，左穿 3 白，回 1 白；　　　　⑤
⎱ ⑭ 右借 2 白，左穿 3 白，回 1 白；　　　　⑥
⑮ 右借 2 白，左穿 2 白，回 1 白。　　　　⑤

⑯ 右借 1 白，左穿 4（绿、粉、绿、白），回 1 白；⑥
⑰ 右借 2 白，左穿 3 白，回 1 白；　　　　⑥（共编 2 次）
⑱ 右借 2 白，左穿 3（绿、粉、绿），回 1 绿；⑥
⑲ 右借 2 白，左穿 3（粉、绿、白），回 1 白；⑥
⑳ 右借 2 白，左穿 3 白，回 1 白；　　　　⑥（共编 4 次）
㉑ 右借 3（白、白、绿），左穿 2（绿、粉），回 1 粉。⑥

㉒ 右借 1 粉，左穿 4 粉，回 1 粉；　　　　⑥
㉓ 右借 2（绿、白），左穿 3（绿、白、白），回 1 白；⑥
㉔ 右借 2 白，左穿 3 白，回 1 白；　　　　⑥ 背中
㉕ 右借 2（白、绿），左穿 3（白、绿、粉），回 1 粉；⑥
㉖ 右借 2 粉，左穿 3 粉，回 1 粉；　　　　⑥

㉗ 右借2（绿、白），左穿3（绿、白、白），回1白；⑥

㉘ 右借2白，左穿3白，回1白；　　　　　　　⑥（共编3次）

㉙ 右借3（白、绿、粉），左穿2（白、绿），回1绿。⑥

㉚ 右借1粉，左穿4（白、白、白、绿），回1绿；⑥

㉛ 右借2（粉、绿），左穿2白，回1白；　　　　⑤

㉜ 右借2白，左穿3白，回1白；　　　　　　　⑥

㉝ 右借2白，左穿2白，回1白；　　　　　　　⑤

㉞ 右借2（绿、粉），左穿3（白、白、绿），回1绿；⑥

㉟ 右借2（粉、绿），左穿2白，回1白；　　　　⑤

㊱ 右借2白，左穿3白，回1白；　　　　　　　⑥

㊲ 右借2白，左穿2白，回1白；　　　　　　　⑤

㊳ 右借2白，左穿3白，回1白；　　　　　　　⑥

㊴ 右借3白，左穿1白，回1白。　　　　　　　⑤

★㊵ 左借1白，右借1白，左穿3白，回1白；⑥

㊶ 右借3白，左穿2白，回1白；　　　　　⑥（共编3次）

㊷ 右借4白，左穿1白，回1白；　　　　　⑥

㊸ 右借2白，右穿7～10粒粉小。外绕1粉小，
回穿6～9粒粉小。尾巴编好后固定。收尾。

左耳。

① 另用一根鱼线先借1白（A
珠），左穿4粉，回1粉；⑤

★② 右借1白（B珠），右穿2粉，
回1粉；　　　　　　④

★③ 左穿1粉，左借4（粉、白、粉），
回1粉。收尾。

右耳。

① 另用一根鱼线先借1白（C珠），左穿3粉，回1粉；④

★② 右借1白（D珠），右穿3粉，回1粉；　　　　⑤

★③ 左穿1粉，左借3（粉、白、粉），回1粉。收尾。

前腿分别从胸前6珠圈旁的两个5珠圈开始编。

右前腿。

① 另用一根鱼线先借1白（a珠），左穿3粉，回1粉；④

② 右借1白（b珠），左穿2粉，回1粉；　　　　　　④

★③ 右穿1粉，右借1粉，左穿1粉，回1粉。④ 收尾。

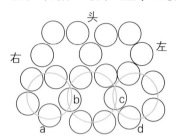

左前腿。

① 另用一根鱼线先借1白（c珠），左穿3粉，回1粉；　④

② 右借1白（d珠），左穿2粉，回1粉；　　　　④

★③ 右穿1粉，右借1粉，左穿1粉，回1粉。④ 收尾。

后腿从腹中部6珠后方开始编。注意其右侧为6珠圈，左侧为5珠圈，其编出后腿的效果一致。

左后腿。

① 另用一根鱼线借1白（A_1珠），左穿3粉，回1粉；　　　　　　　　　④

② 右借1白（B_1珠），左穿2粉，回1粉；④

★③ 右穿1粉，右借1粉，左穿1粉，回1粉。④ 收尾。

右后腿。

① 另用一根鱼线先借1白（C_1珠），左穿3粉，回1粉；④

② 右借1白（D_1珠），左穿2粉，回1粉；　　　　④

★③ 右穿1粉，右借1粉，左穿1粉，回1粉。　　　　④ 收尾。

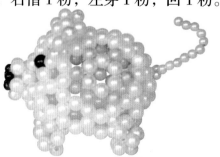

约需白珠 134 粒；黄珠 36 粒；黑珠 2 粒；棕色珠 5 粒；小粉珠 6 粒；小黄珠 1 粒；红珠 1 粒。

贵宾犬

贵宾犬编制口诀

从头开始编。

1 左穿6白，回1白；⑥

2 左穿5白，回1白；⑥

3 右借1白，左穿4白，回1白；⑥

4 右借1白，左穿3白，回1白；⑤（共编3次）

5 右借2白，左穿2白，回1白。⑤

6 右借1白，左穿4白，回1白；⑥

7 右借1白，左穿3白，回1白；⑤

8 右借2白，左穿3白，回1白；⑥

9 右借1白，左穿3白，回1白；⑤

10 右借2白，左穿3白，回1白；⑥（共编2次）

11 右借1白，左穿3白，回1白；⑤（共编2次）

12 右借3白，左穿2白，回1白。⑥

13 右借1白，左穿3白，回1白；⑤

14 右借2白，左穿2白，回1白；⑤

15 右借2白，左穿2（白、红，红珠位于头前正中），回1红；⑤

16 右借2白，左穿2白，回1白；⑤（共编5次）

17 右借3白，左穿1白，回1白。⑤

18 右借1白，左穿3（白、白、黑），回1黑；⑤

19 右借2白，左穿2白，回1白；⑤

20 右借2白，左穿2（白、黑），回1黑；⑤

21 右借2白，左穿2白，回1白；⑤

22 右借2白，左穿2白，回1白。⑤ 正前下

23 右借1白，左穿2白，回1白；④

24 右借1白，左穿1白，回1白；③（共编2次）

25 右借2白，左穿1白，回1白；④

26 右借1白，左穿1棕，回1棕。③ 头部完成。

此时颈部成 5 白珠，身体从颈上 5 珠中的 A 珠开始编（头朝下）。

① 另用一根鱼线，先借 1 白（A 珠），左穿 3 黄，回 1 黄；④

② 右借 1 白，左穿 2 黄，回 1 黄；　　　　　④（共编 2 次）

③ 右借 1 白，左穿 2（白、黄），回 1 黄；④

④ 右借 2（白、黄），左穿 1 白，回 1 白。④

颈部 5 白珠

（头朝下）

⑤ 左穿 5（白、白、白、白、黄），回 1 黄；⑥

⑥ 右借 1 黄，左穿 3 黄，回 1 黄；　　　　　⑤

⑦ 右借 1 黄，左穿 3 黄，回 1 黄；　　　　　⑤ 前正

⑧ 右借 1 黄，左穿 3 黄，回 1 黄；　　　　　⑤

⑨ 右借 2 白，左穿 3 白，回 1 白。　　　　　⑥

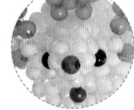

⑩ 右借 1 白，左穿 3 白，回 1 白；　　　　　⑤ 后正

⑪ 右借 1 白，左穿 3 白，回 1 白；　　　　　⑤

⑫ 右借 2（白、黄），左穿 3 白，回 1 白；⑥

⑬ 右借 2 黄，左穿 2 白，回 1 白；　　　　　⑤（共编 2 次）

⑭ 右借 2（黄、白），左穿 3 白，回 1 白；⑥

⑮ 右借 2 白，左穿 2 白，回 1 白；　　　　　⑤（共编 3 次）

⑯ 右借 4 白，左穿 1 白，回 1 白。　　　　　⑥ 腹部 6 白珠圈，收尾。

前腿。

另用两根鱼线，分别左穿 1 棕，再分别左、右线共穿 2 黄，共做成两条前腿，分别固定在腹部 6 白珠中 a、b 珠的外侧。为使前腿直立，应向上借白珠后再收尾。

后腿。

在腹部 6 白珠后面相邻的两个 5 白珠圈上编。

另用一根鱼线先借 2 白（C_1、C_2 珠），左穿 3（黄、棕、黄），回 1 白。⑤ 收尾。

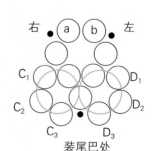

装尾巴处

左后腿。

另用一根鱼线先借2白（D_1、D_2珠），左穿3（黄、棕、黄），回1白。⑤ 收尾。

尾巴。

另用一根鱼线左穿1黄小，左、右线共穿6白，左右线分开，固定在C_3、D_3珠上。

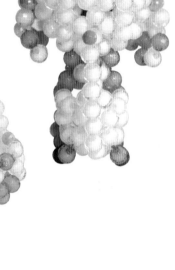

耳朵。

左、右耳编法相同，按图示找到对应的起始珠，按以下口诀编即可。以左耳为例。

① 另用一根鱼线先借1白（G珠）左穿2小粉，右穿1小粉，回1小粉；　　　　　　　　　　　④

② 左穿3白，右穿1白，回1白；　　　　　　　⑤

★ ③ 右穿4（黄、白、黄、黄），回1黄；　　　⑤

★ ④ 左借1白，左穿3（黄、白、黄），回1黄。⑤ 收尾。

G

眼睛

左耳

约需粉珠 116 粒；白珠 106 粒；蓝珠 39 粒；黄珠 28 粒；绿珠 17 粒；蓝小珠 4 粒；红珠 3 粒；黑珠 2 粒；黑小珠 2 粒；红小珠 1 粒。

卡通牛

卡通牛编制口诀

从头开始编。

① 左穿5粉，回1粉；　　　　　⑤

② 左穿5粉，回1粉；　　　　　⑥

③ 右借1粉，左穿4粉，回1粉；⑥（共编3次）

④ 右借2粉，左穿3粉，回1粉。⑥

（共编4组）
> ⑤ 右借1粉，左穿4粉，回1粉；⑥
> ⑥ 右借1粉，左穿3粉，回1粉；⑤
> ⑦ 右借2粉，左穿3粉，回1粉；⑥
> ⑧ 右借2粉，左穿2粉，回1粉。⑤

⑨ 右借1粉，左穿4粉，回1粉；⑥

⑩ 右借2粉，左穿3粉，回1粉；⑥（共编2次）

⑪ 右借2粉，左穿3白，回1白；⑥（共编6次）

⑫ 右借3粉，左穿2白，回1白。⑥

⑬ 右借1粉，左穿3（白、粉、粉），回1粉；　⑤

⑭ 右借2粉，左穿2红，回1红；　　　　　　⑤

⑮ 右借2粉，左穿2（红、粉），回1粉；　　⑤

⑯ 右借2（粉、白），左穿2（粉、白），回1白；⑤

⑰ 右借2白，左穿3（粉、白、白），回1白；　⑥

★⑱ 加右眼：此时线在A珠两侧，左穿1黑，左线回借3（粉、白、白），线回原处；

⑲ 右借2白，左穿2白，回1白；　　　　⑤（共编4次）

⑳ 右借3白，左穿2（白、粉），回1粉；⑥

★㉑ 加左眼：线在粉珠B的两侧，右穿1黑，右线回借3（白、白、粉），右线回到原处。

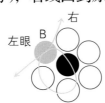

㉒ 右借 1 粉，左穿 2 粉，回 1 粉；④

㉓ 右借 2 红，左穿 1 粉，回 1 粉；④

㉔ 右借 2 粉，左穿 1 粉，回 1 粉；④

★㉕ 右借 1 白，左借 2（粉、白），左穿 2 白，回 1 白。⑥

另用一根鱼线，先借 1 白（起始珠），在眼下 6 白珠上编。

㉖ 鼻子：左穿 3 白，回 1 白； ④

㉗ 右借 1 白，左穿 2（黑小、白），回 1 白； ④

㉘ 右借 1 白，左穿 2 白，回 1 白； ④（共编 2 次）

㉙ 右借 1 白，左穿 1 黑小，右穿 1 白，回 1 黑小；④

㉚ 左借 1 白，右穿 1 白，左穿 1 白，回 1 白； ④

㉛ 左借 3（白、黑小、白），回 1 白。 ④

收尾。

起始珠

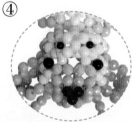

编身体，从颈部 6 珠开始。

① 另用一根鱼线先借 1 粉（P 珠，位于小牛背后，头朝下），左穿 4 白，回 1 白； ⑤

② 右借 1 白，左穿 4 白，回 1 白； ⑥

③ 右借 1 白，左穿 3 白，回 1 白； ⑤（共编 2 次）前

④ 右借 1 白，左穿 4 白，回 1 白； ⑥

⑤ 右借 2（粉、白），左穿 2 白，回 1 白。⑤

⑥ 右借 1 白，左穿 4 白，回 1 白；⑥ 后正

⑦ 右借 2 白，左穿 3 白，回 1 白；⑥

⑧ 右借 1 白，左穿 3 白，回 1 白；⑤

⑨ 右借 2 白，左穿 3 白，回 1 白；⑥（共编 3 次）

⑩ 右借 1 白，左穿 3 白，回 1 白；⑤

⑪ 右借 3 白，左穿 2 白，回 1 白。⑥

P

颈 6 珠

接着编右腿。

① 右借1白，左穿4粉，回1粉；　　　　　　　　　　⑥
★② 右穿1粉，左穿3粉，回1粉；　　　　　　　　　　⑤ 加裤裆珠。
③ 右借2白（前胸下 A_1、B_1 珠），左穿3粉，回1粉；⑥（共编2次）
④ 右借3（白、白、粉），左穿2粉，回1粉。　　　　⑥

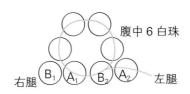

腹中6白珠

右腿 B_1 A_1 B_2 A_2 左腿

鞋。

① 右借1粉，左穿4蓝，回1蓝；　　　　　　　⑥
② 右借2粉，左穿3蓝，回1蓝。　　　　　　　⑥（共编3次）
★③ 右借3（粉、粉、蓝），右穿2蓝，回1蓝；　⑥
★④ 左借3蓝，左穿1蓝，回1蓝；　　　　　　　⑤
★⑤ 左借1蓝，右借1蓝，左穿1蓝。　　　　　　④ 收尾。

鞋底中部

编左腿。从右腿前面左侧的2白珠开始编，头朝下。

① 另用一根鱼线先借2白（A_2、B_2 珠），
左穿4黄，回1黄；　　　　　　⑥
② 右借1粉（右腿裤裆珠），左穿3黄，
回1黄；　　　　　　　　　　　⑤
（共编2次）③ 右借2白，左穿3黄，回1黄；⑥
④ 右借3（白、白、黄），左穿2黄，
回1黄。　　　　　　　　　　　⑥

⑤ 右借1黄，左穿4绿，回1绿；　　　　　　　⑥
⑥ 右借2黄，左穿3绿，回1绿；　　　　　　　⑥（共编3次）
⑦ 右借3（黄、黄、绿），左穿2绿，回1绿；⑥
⑧ 右借3绿，左穿1绿，回1绿；　　　　　　　⑤
★⑨ 右借1绿，左借1绿，左穿1绿，回1绿。④ 收尾。

编前肢。

在颈下左、右肩 6 个白珠圈上编前肢。左、右前肢口诀相同。

右前肢。

★① 另用一根鱼线先借 1 白（a 珠），左穿 2 蓝，右穿 1 蓝，回 1 蓝；④

★② 右穿 1 蓝，右借 1 白（c 珠），左穿 1 蓝，回 1 蓝；④

★③ 右穿 3 蓝，回 1 蓝；④

★④ 左借 1 蓝，右穿 2 蓝，回 1 蓝；④

⑤ 左借 2（右肩 6 白珠中的 b 珠和 1 蓝），左穿 1 蓝，回 1 蓝；④

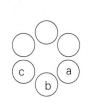

右肩 6 珠（右前肢）　　　　　　　　　　　左肩 6 珠（左前肢）

⑥ 左穿 3 白，回 1 白；④

⑦ 右借 1 蓝，左穿 2 白，回 1 白；④

⑧ 右借 2（蓝、白），左穿 1 白，回 1 白；④

⑨ 左穿 1 白。收尾。

左前肢。

★① 另用一根鱼线先借 1 白（a_1 珠），左穿 2 粉，右穿 1 粉，回 1 粉；④

★② 右穿 1 粉，右借 1 白（c_1 珠），左穿 1 粉，回 1 粉；④

★③ 右穿 3 粉，回 1 粉；④

★④ 左借 1 粉，右穿 2 粉，回 1 粉；④

⑤ 左借 2（左肩 6 白珠的 b_1 珠和 1 粉）左穿 1 粉，回 1 粉；④

⑥ 左穿 3 白，回 1 白；④

⑦ 右借 1 粉，左穿 2 白，回 1 白；④

⑧ 右借 2（粉、白），左穿 1 白，回 1 白；④

⑨ 左穿 1 白。收尾。

牛角。

在头顶正中6粉珠圈两旁的E、F两处装牛角。先编牛角，另用一根鱼线左穿1蓝小，再左、右线共穿4（蓝小、蓝、蓝、蓝），左、右线分开，将其固定在E处为右角。用上述方法再做一个牛角，固定在F处为左角。

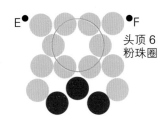

头顶6
粉珠圈

牛耳。

① 另用一根鱼线先借1粉（G_1珠），左穿4粉，回1粉；⑤

② 右借1粉（G_2珠），左穿3粉，回1粉；⑤

★③ 右借1粉（G_3珠），右穿3粉，回1粉；⑤

★④ 左借1粉，右穿2粉，回1粉；④

★⑤ 左借2粉，左穿1粉，回1粉。④ 收尾。

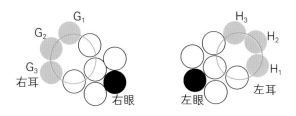

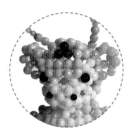

另用一根鱼线先借1粉（H_1珠），按上述口诀编左耳。

牛尾。

左穿1红小，双线穿3蓝，将其固定在背后两腿中间的两粒白珠上。

左 右

装尾巴处

约需黄珠 226 粒；白珠 33 粒；红珠 13 粒；黑珠 2 粒；红小 3 粒；棕色珠 10 粒。

卡通猴

卡通猴编制口诀

从头顶开始编。

① 左穿5黄，回1黄；⑤

② 左穿5（黄、白、白、白、黄），回1黄；⑥ 正前

③ 右借1黄，左穿4（白、黄、黄、黄），回1黄；⑥

④ 右借1黄，左穿4黄，回1黄；⑥（共编2次）

⑤ 右借2黄，左穿3（黄、黄、白），回1白。⑥

⑥ 右借1白，左穿4（白、白、黑、白），回1白；⑥

⑦ 右借1白，左穿3白，回1白；⑤

⑧ 右借2白，左穿3（黑、白、白），回1白；⑥

（共编3组）
⑨ 右借1黄，左穿3黄，回1黄；⑤

⑩ 右借2黄，左穿3黄，回1黄；⑥

⑪ 右借2（黄、白），左穿2黄，回1黄。⑤

⑫ 右借1白，左穿4（黄、黄、黄、白），回1白；⑥

⑬ 右借1黑，左穿2白，回1白；④

⑭ 右借1白，左穿2（白、红），回1红；④

⑮ 右借1白，左穿2白，回1白；④

⑯ 右借1黑，左穿2白，回1白；④

⑰ 右借2（白、黄），左穿3黄，回1黄；⑥

⑱ 右借2黄，左穿3黄，回1黄；⑥（共编5次）

⑲ 右借3黄，左穿2黄，回1黄。⑥

⑳ 右借 1 黄，左穿 4 黄，回 1 黄；　　　　　　⑥

㉑ 右借 2（黄、白），左穿 2（黄、白），回 1 白；⑤

（共编 2 次）㉒ 右借 1 白，左穿 2 白，回 1 白；　　　④

㉓ 右借 2（白、黄），左穿 2 黄，回 1 黄；　　　⑤

（共编 2 组）{ ㉔ 右借 2 黄，左穿 3 黄，回 1 黄；　　　⑥

㉕ 右借 2 黄，左穿 2 黄，回 1 黄；　　　⑤

㉖ 右借 2 黄，左穿 3 黄，回 1 黄；　　　⑥

㉗ 右借 3 黄，左穿 1 黄，回 1 黄。　　　⑤

★㉘ 右借 1 黄，左借 1 黄，左穿 3 黄，回 1 黄；⑥

★㉙ 右借 3（黄、黄、白），左穿 2（黄、白），回 1 白（下巴中珠）；⑥

㉚ 右借 3（白、黄、黄），左穿 2 黄，回 1 黄；⑥

㉛ 右借 3 黄，左穿 2 黄，回 1 黄；　　　⑥

㉜ 右借 4 黄，左穿 1 黄，回 1 黄。　　　⑥

头编好后，颈成 5 珠，线位于颈后正中 A 珠两侧，接编身体（头朝下）。

❶ 左穿 5 黄，回 1 黄；　　　　　　　　⑥ 后背中

❷ 右借 1 黄（B珠），左穿 4 黄，回 1 黄；⑥

❸ 右借 1 黄（C珠），左穿 4 黄，回 1 黄；⑥

❹ 右借 1 黄（D珠），左穿 4 黄，回 1 黄；⑥

❺ 右借 2 黄（E和1黄珠），左穿 3 黄，回 1 黄。⑥

颈部 5 珠

（共编 2 组）{ ❻ 右借 1 黄，左穿 3 黄，回 1 黄；⑤

❼ 右借 1 黄，左穿 4 黄，回 1 黄；⑥

❽ 右借 2 黄，左穿 2 黄，回 1 黄；⑤

❾ 右借 1 黄，左穿 4 黄，回 1 黄；⑥

❿ 右借 2 黄，左穿 2 黄，回 1 黄；⑤ 前中

⓫ 右借 1 黄，左穿 4 黄，回 1 黄；⑥

⓬ 右借 2 黄，左穿 2 黄，回 1 黄；⑤

⓭ 右借 2 黄，左穿 3 黄，回 1 黄。⑥

⑭ 右借 2 黄，左穿 3 黄，回 1 黄；⑥

（共编 4 组）{
⑮ 右借 1 黄，左穿 3 黄，回 1 黄；⑤
⑯ 右借 3 黄，左穿 2 黄，回 1 黄；⑥
⑰ 右借 2 黄，左穿 2 黄，回 1 黄。⑤
}

⑱ 右借 2 黄，左穿 3 红，回 1 红；　　　　　　　　⑥
⑲ 右借 3 黄，左穿 2 红，回 1 红；　　　　　　　　⑥（共编 3 次）
⑳ 右借 4（黄、黄、黄、红），左穿 1 红，回 1 红。⑥ 收尾。

上肢。

另用两根鱼线，各穿 3（黄、红、黄），然后分别固定在胸前 5 珠圈旁两个 6 珠圈的 a、b 珠上。

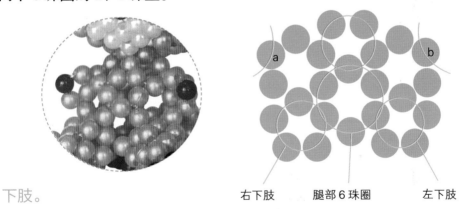

右下肢　　　腿部 6 珠圈　　　左下肢

下肢。

在腹部 6 珠圈旁的两 5 珠圈上编，从 5 珠中任何一珠开始编均可；左、右下肢的口诀相同。

①　另用一根鱼线先借1黄，左穿3黄，回1黄；　④

②　右借1黄，左穿2黄，回1黄；　　　　　　④（共编3次）

③　右借2黄，左穿1黄，回1黄。　　　　　　④

④　左穿3（黄、棕、黄），回1黄；　　　　　④

⑤　右借1黄，左穿2（棕、黄），回1黄；　④（共编3次）

⑥　右借2黄，左穿1棕，回1棕；　　　　　④

⑦　线绕5个棕色珠穿1圈后收尾。

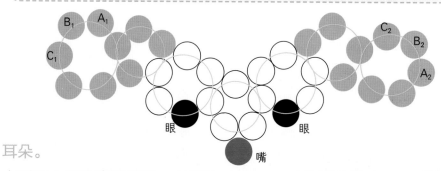

耳朵。

右耳和左耳的编法相同，右耳按 A_1、B_1、C_1 的顺序借珠；左耳按 A_2、B_2、C_2 的顺序借珠。以右耳为例。

①　另用一根鱼线先借1黄（A_1珠），左穿4（黄、黄、黄、白）回1白；　　　　　　　　　　　　　⑤

②　右借1黄（B_1珠），左穿2白，回1白；④

★③　右借1黄（C_1珠），右穿3黄，回1黄；⑤

★④　左借2（白、黄），左穿2黄，回1黄。⑤　　收尾，右耳完成。

尾巴。

另用一根鱼线左穿1红小，左、右线共穿8黄，将其固定在臀部中间位置。

约需白珠 159 粒；棕色珠 12 粒；红珠 9 粒；黑珠 3 粒；黑小珠 2 粒；红小珠 1 粒；棕色中珠 25 粒；棕色小珠 1 粒。

小白马

小白马编制口诀

从后臀部开始编。

① 左穿 5 白，回 1 白；⑤

② 左穿 4（白、红、红、白），回 1 白；⑤

③ 右借 1 白，左穿 3（红、白、白），回 1 白；⑤

④ 右借 1 白，左穿 3 白，回 1 白；⑤（共编 2 次）

⑤ 右借 2 白，左穿 2（白、红），回 1 红。⑤

⑥ 右借 1 红，左穿 3 红，回 1 红；⑤

⑦ 右借 2 红，左穿 2 红，回 1 红；⑤

⑧ 右借 2 白，左穿 2 白，回 1 白；⑤（共编 2 次）

⑨ 右借 3（白、白、红），左穿 1 白，回 1 白。⑤

⑩ 左穿 4 白，回 1 白；⑤

⑪ 右借 1 红，左穿 3 白，回 1 白；⑤（共编 2 次）

⑫ 右借 1 白，左穿 3 白，回 1 白；⑤

⑬ 右借 2 白，左穿 2 白，回 1 白。⑤

⑭ 右借 1 白，左穿 3 白，回 1 白；⑤

★ ⑮ 右借 2 白，右穿 2 白，回 1 白；⑤

★ ⑯ 左借 1 白，右穿 3 白，回 1 白；⑤

★ ⑰ 左借 3 白，左穿 1 白，回 1 白；⑤

★ ⑱ 右借 1 白，左借 2 白，左穿 1 白，回 1 白。⑤

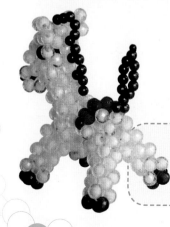

在形成的 5 白珠上接编颈部。

① 左穿 3 白，回 1 白；④

② 右借 1 白，左穿 2 白，回 1 白；④（共编 3 次）

③ 右借 2 白，左穿 1 白，回 1 白。④

④ 左穿 3 白，回 1 白；④

⑤ 右借 1 白，左穿 2 白，回 1 白；④（共编 3 次）

⑥ 右借 2 白，左穿 1 白，回 1 白。④

接编头部。

① 左穿3白，回1白；　　　　　　　　　　　　　④

★ ② 右借1白，右穿2白，回1白；　　　　　　　　④

★ ③ 右穿3白，回1白；　　　　　　　　　　　　　④

★ ④ 左借1白，右穿2白，回1白；　　　　　　　　④

★ ⑤ 左借1白，左穿2（黑、白），回1白；　　　　④ 左眼

⑥ 右借2白，左穿2白，回1白；　　　　　　　　⑤ 头前中

⑦ 右借2白，左穿1黑，回1黑；　　　　　　　　④ 右眼

★ ⑧ 右借1白，右穿3白，回1白；　　　　　　　　⑤

★ ⑨ 左借1白（两眼中间的白珠），右穿2白，回1白；④ 前中

★ ⑩ 左借2（黑、白），左穿2白，回1白；　　　　⑤

⑪ 右借2白，左穿1白，回1白；　　　　　　　　④ 鼻上

⑫ 左穿5（白、黑小、黑、黑小、白），回1白；　⑥ 鼻子

⑬ 右借1白，左穿2白，回1白；　　　　　　　　④

⑭ 右借1白（颈珠），左穿2（红小、白），回1白；④

⑮ 右借2白，左穿1白，回1白；　　　　　　　　④

★ ⑯ 右借5（黑小、黑、黑小、白、红小），回1红小。⑥ 收尾。

耳朵的编法如图示，在眼睛上方 P 珠穿
3 白珠后线回原处，为右耳；在左眼上方
找到与 P 珠对称的珠穿 3 白为左耳。

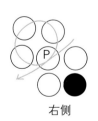

右侧

编尾巴。

① 另用一根鱼线左穿1棕小，左、右线共穿1棕中；

② 左、右两线分开，各穿4棕中；

③ 左、右线合穿1棕中；

④ 左、右两线分开，各穿1棕中后固定在马臀部5白珠圈的 a 珠上。

臀部 5 白珠圈

穿马鬃。

从马背上红珠前的第 2 粒白珠（F 珠）开始编。

① 另用一条鱼线先借 1 白（F 珠），左穿 3 棕中，回 1 棕中；　④

② 右借 1 白，左穿 3 棕中，回 1 棕中；　　　　　　　　　⑤

③ 右借 1 白，左穿 2 棕中，回 1 棕中；　　　　　　　　　④

④ 右借 1 白（两只耳朵中间的 G 珠），左穿 5 棕中，回 1 白。⑦ 收尾。

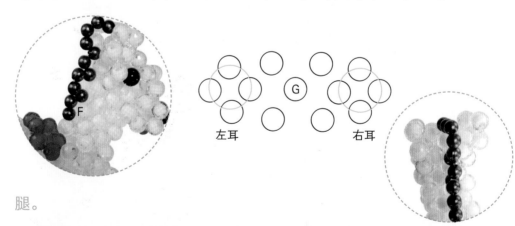

左耳　　　　　　　右耳

腿。

马的四条腿分别在腹部四个角上的 5 白珠圈上编，为统一
口诀，起始珠不同，只要找到对应的起始珠按口诀编即可。

右前腿。

① 另用一根鱼线先借 2 白（A_1、A 珠），左穿 3 白，回 1 白；⑤

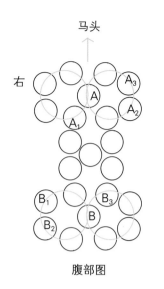

马头

右

A₃

A

A₂

A₁

B₁

B₃

B

B₂

腹部图

② 右借1白，左穿2白，回1白；④ 正前

③ 右借3白，左穿1白，回1白。⑤

④ 左穿3白，回1白；　　　　④

⑤ 右借1白，左穿2白，回1白；④

⑥ 右借2白，左穿1白，回1白。④

⑦ 左穿3（白、棕、白），回1白；　④

⑧ 右借1白，左穿2（棕、白），回1白；④

⑨ 右借2白，左穿1棕，回1棕；　　④

⑩ 线绕3棕穿1圈后收尾。

左前腿。

另用一根鱼线先借2白（A₂、A₃珠），然后按上述口诀编。

右后腿。

另用一根鱼线先借2白（B₁、B₂珠），然后按上述口诀编。

左后腿。

另用一根鱼线先借2白（B₃、B珠），然后按上述口诀编。

约需白珠 299 粒；粉珠 162 粒；黑珠 3 粒；
红珠 1 粒。

熊妹妹 \\

熊妹妹编制口诀

从头开始编。

① 左穿5白，回1白；　　　　　⑤
② 左穿5白，回1白；　　　　　⑥
③ 右借1白，左穿4白，回1白；⑥（共编3次）
④ 右借2白，左穿3白，回1白。⑥

（共编4组）
⑤ 右借1白，左穿4白，回1白；⑥
⑥ 右借1白，左穿3白，回1白；⑤
⑦ 右借2白，左穿3白，回1白；⑥
⑧ 右借2白，左穿2白，回1白。⑤

⑨ 右借1白，左穿4白，回1白；⑥
⑩ 右借2白，左穿3白，回1白；⑥（共编8次）
⑪ 右借3白，左穿2白，回1白。⑥

⑫ 右借1白，左穿4白，回1白；⑥
⑬ 右借2白，左穿2白，回1白；⑤（共编2次）嘴下
⑭ 右借2白，左穿3白，回1白；⑥
⑮ 右借2白，左穿2白，回1白；⑤（共编5次）
⑯ 右借3白，左穿1白，回1白。⑤

⑰ 右借1白，左穿3（黑、白、白），回1白；⑤
⑱ 右借2白，左穿2白，回1白；⑤（共编2次）嘴下
⑲ 右借2白，左穿2（白、黑），回1黑；　　⑤
⑳ 右借2白，左穿2白，回1白；　　　　　⑤
㉑ 右借3（白、白、黑），左穿1白，回1白。⑤

编嘴。

㉒ 左穿 3 白，回 1 白；　　　　　　　　　④
㉓ 右借 1 白，左穿 2 白，回 1 白；　　　　④
㉔ 右借 2 白，左穿 2（红、白），回 1 白；⑤
㉕ 右借 1 白，左穿 2 白，回 1 白；　　　　④
㉖ 右借 2 白，左穿 1 白，回 1 白。　　　　④

㉗ 右借 1 白，左穿 1 黑（鼻），回 1 黑；③
㉘ 右借 3（白、红、白），回 1 白。　　④ 收尾。

从颈 6 白珠开始编身体（头朝下）。

① 另用一根鱼线先借 1 白（起始珠 A），左穿 4 白，回 1 白；⑤ 前
② 右借 1 白，左穿 3（粉、粉、白），回 1 白；　　　　⑤ 右肩
③ 右借 1 白，左穿 3 白，回 1 白；　　　　　　　⑤（共编 2 次）
④ 右借 1 白，左穿 3（粉、粉、白），回 1 白；　　　　⑤ 左肩
⑤ 右借 2 白，左穿 2 白，回 1 白。　　　　　　　　　　⑤

颈部 6 白珠圈

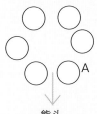

A

↓

熊头

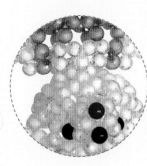

⑥ 右借 1 白，左穿 4 粉，回 1 粉；⑥ 正前
⑦ 右借 1 白，左穿 4 粉，回 1 粉。⑥

接编右上肢。

★ ⑧ 右借 1 粉，左穿 2 白，回 1 白；④
★ ⑨ 右借 1 粉，右穿 2（粉、白），回 1 白；④
★ ⑩ 右穿 3 白，回 1 白；　　　　　　　④
★ ⑪ 左借 1 白，左穿 2 白，回 1 白；④
　 ⑫ 左穿 3 白，回 1 白；　　　　　　　④
★ ⑬ 右借 1 白，右穿 2 白，回 1 白；④
★ ⑭ 右穿 3 白，回 1 白；　　　　　　　④
★ ⑮ 左借 1 白，左穿 2 白，回 1 白；④
　 ⑯ 右借 1 白，左穿 1 白，回 1 白。③ 右上肢前端

⑰ 向回编：左借1白，右借1白，左穿1白，回1白；④（共编3次）

★ ⑱ 左借1粉，左穿3粉，回1粉；　　　　　　⑤ 腋下

⑲ 右借2（粉、白），左穿3粉，回1粉；　　　⑥

⑳ 右借2白，左穿3粉，回1粉；　　　　　　⑥ 背中

㉑ 右借1白，左穿4粉，回1粉。　　　　　　⑥

左上肢。

　　　㉒ 右借1粉，左穿2白，回1白；　　　④

★ ㉓ 右借1粉，右穿2（粉、白），回1白；④

★ ㉔ 右穿3白，回1白；　　　　　　　　④

★ ㉕ 左借1白，左穿2白，回1白；　　　④

　　　㉖ 左穿3白，回1白；　　　　　　　　④

★ ㉗ 右借1白，右穿2白，回1白；　　　④

★ ㉘ 右穿3白，回1白；　　　　　　　　④

★ ㉙ 左借1白，左穿2白，回1白；　　　④

★ ㉚ 右借1白，左穿1白，回1白；　　　③ 左上肢前端

　　　㉛ 向回编：左借1白，右借1白，左穿1白，回1白；

　　　　　　　　　　　　　　　　　　　④（共编3次）

★ ㉜ 左借1粉，左穿3粉，回1粉；　　　⑤ 腋下

　　　㉝ 右借3（粉、白、粉），左穿2粉，回1粉。⑥

㉞ 右借1粉，左穿4粉，回1粉；⑥

㉟ 右借2粉，左穿3粉，回1粉；⑥（共编6次）

㊱ 右借3粉，左穿2粉，回1粉。⑥

　　　㊲ 右借1粉，左穿3粉，回1粉；⑤

　　　㊳ 右借2粉，左穿3粉，回1粉；⑥ ⎫

　　　㊴ 右借2粉，左穿2粉，回1粉；⑤ ⎬（共编3组）

　　　㊵ 右借3粉，左穿2粉，回1粉。⑥ ⎭

㊶ 右借2粉，左穿2粉，回1粉；⑤

㊷ 右借3粉，左穿1粉，回1粉。⑤（共编2次），收尾。

编腿和脚。左、右腿编制口诀相同，起始珠的位置不同，要注意。

① 另用一根鱼线先借1粉（起始珠），左穿3白，回1白；④

② 右借1粉，左穿2白，回1白；　　　　　　　　　　④（共编3次）

③ 右借2（粉、白），左穿1白，回1白；　　　　　　④

④ 左穿3白，回1白；

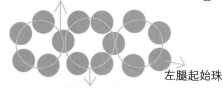

右腿起始珠

左腿起始珠

下腹中部6粉珠

⑤ 右借1白，左穿2白，回1白；④（共编3次）

⑥ 右借2白，左穿1白，回1白；④

⑦ 左穿3白，回1白。　　　　　④

⑧ 右借1白，左穿2白，回1白；④（共编2次）

⑨ 右借1白，左穿4白，回1白；⑥ ｝脚背

★⑩ 右借2白，左穿3白，回1白；⑥

★⑪ 左借1白（b珠），右沿6珠圈回借5白，右线在b珠右侧；

⑫ 左穿3白，回1白；　　　　　④

⑬ 右借1白，左穿2白，回1白；④

⑭ 右借2白，左穿3白，回1白；⑥

⑮ 右借3白，左穿2白，回1白；⑥脚后跟

⑯ 右借3白，左穿2白，回1白；⑥

⑰ 右借3白，左穿1白，回1白。⑤脚尖，收尾。

脚前方

左

b

右

脚背两6珠圈

右耳，从右眼后方第一个6珠圈开始。

① 另用一根鱼线先借2白（A、B珠），
　　左穿3白，回1白；　　　　　　⑤

② 右借1白（C珠），左穿2白，回1白。④

收尾。

A

B

C

左耳

右眼

左耳，从左眼后第一个6珠圈开始编。

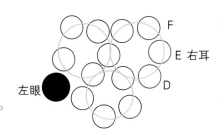

❶ 另用一根鱼线先借1白（D珠），左穿3白，回1白；　　　　　　　　　④

❷ 右借2白（E、F珠），左穿2白，回1白。⑤ 收尾。

尾巴在后中下6珠圈开始编。

后中下6珠（头朝下）

❶ 另用鱼线先借2粉（A_1、B_1珠），左穿3白，回1白；⑤

❷ 右借1粉（C_1珠），左穿2白，回1白；　　　　　　④

❸ 右借2粉（D_1、E_1珠），左穿2白，回1白；　　　⑤

❹ 右借2（粉珠F_1、白），左穿1白，回1白；　　　　④

❺ 右借1白，左穿1白，回1白。　　　　　　③ 收尾。

帽子。

❶ 另用一根鱼线，左穿5粉，回1粉；⑤

❷ 左穿3粉，回1粉；　　　　　④

❸ 右借1粉，左穿2粉，回1粉；　　④（共编3次）

❹ 右借2粉，左穿1粉，回1粉。　　④

❺ 左穿5粉，回1粉；　　　　　⑥

❻ 右借1粉，左穿4粉，回1粉；⑥（共编3次）

❼ 右借2粉，左穿3粉，回1粉。⑥ 收尾。

将编好的帽子用鱼线固定在熊的头上。

裙子。
沿两腿根一圈（16粒）粉珠上加裙子（熊头朝下）。

❶ 另用一根鱼线先借1粉，左穿4粉，回1粉；⑤

❷ 右借1粉，左穿3粉，回1粉；　　　　⑤（共编14次）

❸ 右借2粉，左穿2粉，回1粉。　　　　⑤ 收尾。

约需白珠 162 粒；红珠 74 粒；蓝珠 38 粒；红小珠 14 粒；黄小珠 1 粒；黑珠 2 粒；粉珠 1 粒；白大珠 2 粒；小色珠 8 粒。

卡通猫

卡通猫编制口诀

编猫头。

① 左穿 6 白，回 1 白；　　　　　　　　⑥
② 左穿 5 白，回 1 白；　　　　　　　　⑥
③ 右借 1 白，左穿 3 白，回 1 白；⑤
④ 右借 1 白，左穿 4 白，回 1 白；⑥（共编 3 次）
⑤ 右借 2 白，左穿 2 白，回 1 白。⑤

> ⑥ 右借 1 白，左穿 4 白，回 1 白；⑥
> ⑦ 右借 1 白，左穿 4 白，回 1 白；⑥ 正后
> ⑧ 右借 2 白，左穿 3 白，回 1 白；⑥
> ⑨ 右借 2 白，左穿 2 白，回 1 白；⑤
> ⑩ 右借 1 白，左穿 4（白、白、黑、白），回 1 白；　⑥
> ⑪ 右借 2 白，左穿 2 白，回 1 白；⑤
> ⑫ 右借 1 白，左穿 4（白、粉、白、白），回 1 白；　⑥
> ⑬ 右借 2 白，左穿 2 白，回 1 白；⑤
> ⑭ 右借 1 白，左穿 4（黑、白、白、白），回 1 白；　⑥
> ⑮ 右借 3 白，左穿 1 白，回 1 白；⑤
> ★ ⑯ 右借 1 白，左借 1 白，左穿 3 白，回 1 白；　　⑥
> ⑰ 右借 2 白，左穿 2 白，回 1 白；⑤
> ⑱ 右借 1 白，左穿 4 白，回 1 白；⑥
> ⑲ 右借 2 白，左穿 2 白，回 1 白；⑤
> ⑳ 右借 3 白，左穿 2 白，回 1 白。⑥

㉑ 右借 1 白，左穿 3 白，回 1 白；⑤
㉒ 右借 3（黑、白、白），左穿 2 白，回 1 白；⑥
㉓ 右借 1 粉，左穿 4 白，回 1 白；⑥
㉔ 右借 3（白、白、黑），左穿 2 白，回 1 白；⑥
㉕ 右借 2 白，左穿 2 白，回 1 白；⑤
㉖ 右借 3 白，左穿 2 白，回 1 白；⑥

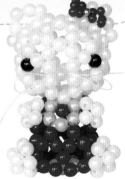

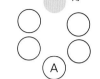

★㉗ 右借1白，左穿1白后借粉珠下方1白（A珠），再左穿2白，回1白；　　　　⑥

㉘ 右借4白，左穿1白。⑥ 收尾。

编身体，从粉珠（嘴）下白珠（A珠）开始，头朝下方。

① 另用一根鱼线先借1白（A珠），左穿5红，回1红；⑥ 前正

② 右借1白，左穿3红，回1红；　　　　　　　　⑤（共编2次）

③ 右借1白，左穿4红，回1红；　　　　　　　　⑥

④ 右借1白，左穿3红，回1红；　　　　　　　　⑤

⑤ 右借2（白、红），左穿2红，回1红。　　　　⑤

⑥ 右借1红，左穿4红，回1红；⑥

⑦ 右借1红，左穿3红，回1红；⑤　　前正

⑧ 右借2红，左穿3红，回1红；⑥　（共编3次）

⑨ 右借1红，左穿3红，回1红；⑤

⑩ 右借2红，左穿3红，回1红；⑥

⑪ 右借3红，左穿2红，回1红。⑥

⑫ 右借1红，左穿3白，回1白；⑤

⑬ 右借2红，左穿2白，回1白；⑤（共编6次）

⑭ 右借3（红、红、白），左穿1白，回1白。⑤

接编左腿。此时线在白珠（A₁珠）的两侧（编时要头朝下方）。

后 ↑
E₁ F₁
A₁　　D₁
　G₁
B₁　　C₁

头朝下方俯视图

⑮ 右借1白（B₁珠），左穿3白，回1白；⑤

⑯ 右借1白，左穿2白，回1白；　　　　④ 正前

★⑰ 左穿2白，右穿1白（G₁珠，为裤裆加珠），回1白；　　　　　　　　　　④

⑱ 右借2白（E₁珠、白），左穿1白，回1白。④

（共编2组）
⑲ 左穿3白，回1白；　　　　　　　④
⑳ 右借1白，左穿2白，回1白；④（共编2次）
㉑ 右借2白，左穿1白，回1白。④ 正前

接编鞋。

① 左穿3蓝，回1蓝；　　　　　　　④
② 右借1白，左穿2蓝，回1蓝；　　④（共编2次）
③ 右借2（白、蓝），左穿1蓝，回1蓝。④

④ 左借2蓝，将左、右线位于正前方蓝珠的两侧，
　左穿4蓝，回1蓝；　　　　　　　⑤鞋底
⑤ 右借1蓝（向上借），左穿2蓝，回1蓝；④
⑥ 右借1白，左穿3蓝，回1蓝；　　⑤鞋面
⑦ 右借2蓝，左穿1蓝，回1蓝；　　④
★⑧ 左借1蓝，右借1蓝，左穿1蓝，回1蓝。④ 收尾。

鞋底图

编右腿（见80页俯视图）。

① 另用一根鱼线先借2白（C_1、D_1珠），左穿3白，回1白；⑤
② 右借1白（F_1珠），左穿2白，回1白；　　　　　④
③ 右借1白（G_1珠是裤裆中间加珠），左穿2白，回1白；　④
④ 右借2白，左穿1白，回1白。　　　　　　　④ 正前

（共编2组）
⑤ 左穿3白，回1白；　　　　　　　④
⑥ 右借1白，左穿2白，回1白；④（共编2次）
⑦ 右借2白，左穿1白，回1白。④ 正后

⑧ 左穿3蓝，回1蓝；　　　　　　　④
⑨ 右借1白，左穿2蓝，回1蓝；　　④（共编2次）
⑩ 右借2（蓝、白），左穿1蓝，回1蓝。④

★⑪ 右借2蓝，将左、右线位于正前方蓝珠的两侧，左穿4蓝，
回1蓝；⑤鞋底

⑫ 右借1蓝，左穿2蓝，回1蓝；④

⑬ 右借1白，左穿3蓝，回1蓝；⑤鞋面

⑭ 右借2蓝，左穿1蓝，回1蓝；④

⑮ 右借1蓝，左借1蓝，左穿1蓝，回1蓝。④收尾。

左、右腿编好后，在两只鞋中间用鱼线固定，不仅美观，也立得稳。

耳朵。

双耳从头顶6白珠旁 a_1、a_2、a_3 珠和 b_1、b_2、b_3 珠开始编。

右耳。

① 另用一根鱼线先借3白（a_1、a_2、a_3 珠），左穿2白，
右穿2白，回1白；⑦

② 右穿1白，右回借2白，左回借1白，双线至耳
根处（a_1、a_2、a_3 珠）收尾。

左耳。

另用一根鱼线先借3白（b_1、b_2、b_3 珠），其
余口诀同右耳。

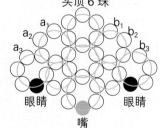

蝴蝶结。

① 另用一根鱼线左穿4（红小、黄小、红小、红小），回1红小；④
② 左穿1红小，借1红小；右穿1红小，借2（红小、黄小），回1黄小；

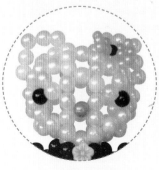

③ 左穿2红小，右穿1红小，回1红小；④
④ 左穿1红小，借1红小；右穿1红小，借2
（红小、黄小），回1黄小。
收尾。
将做好的蝴蝶结固定在猫耳旁。

从腰部 8 个红色 6 珠圈开始编衣服的下摆部分。

① 另用一根鱼线先借 2 红（a、b 珠），左穿 4 红，回 1 红；⑥

② 右借 2 红，左穿 3 红，回 1 红；　　　　　　　⑥（共编 6 次）

③ 右借 3 红，左穿 2 红，回 1 红；　　　　　　　⑥

④ 在两粒红珠的空隙处加穿 1 圈小珠（共 8 粒），收尾。

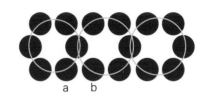

上肢。

两上肢编法相同，分别位于身体的左、右侧。

① 另用一根鱼线先穿 1 大白，左、右线共穿 3 红；

② 左、右线分开，各穿 1 红小后，将其固定在 a 左、b 左珠上（线从 a 左、b 左珠的外侧借珠）。

在嘴珠上加胡须。

前 ↑　　　颈珠

a 左　　b 左

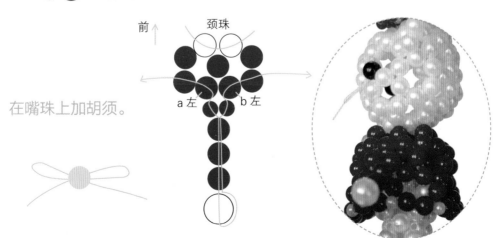

约需黄珠 127 粒；粉珠 74 粒；黑珠 6 粒；红珠 1 粒；蓝珠 12 粒；绿方珠 32 粒；大白圆珠 4 粒。

玩轮滑的小鸟

玩轮滑的小鸟编制口诀

从头顶开始编。

① 左穿5黄，回1黄；　　　　　　　　　　　　　⑤

② 左穿5（黄、黑、黄、黑、黄），回1黄；　　　　⑥

③ 右借1黄，左穿4（黑、黄、黄、黄），回1黄；⑥

④ 右借1黄，左穿4黄，回1黄；　　　　　　　　⑥（共编2次）

⑤ 右借2黄，左穿3（黄、黄、黑），回1黑。　　　⑥

⑥ 右借1黑，左穿3（黄、蓝、黄），回1黄；　　　⑤

⑦ 右借1黄，左穿4（蓝、黄、蓝、黄），回1黄；⑥ 正前

⑧ 右借2黑，左穿2（蓝、黄），回1黄；　　　　　⑤

⑨ 右借1黄，左穿4（蓝、黄、黄、黄），回1黄；⑥

⑩ 右借2黄，左穿2黄，回1黄；　　　　　　　　⑤

⑪ 右借1黄，左穿4黄，回1黄；　　　　　　　　⑥

⑫ 右借2黄，左穿2黄，回1黄；　　　　　　　　⑤ 后中

⑬ 右借1黄，左穿4黄，回1黄；　　　　　　　　⑥

⑭ 右借2黄，左穿2黄，回1黄；　　　　　　　　⑤

⑮ 右借2黄，左穿3（黄、黄、蓝），回1蓝。　　　⑥

⑯ 右借2蓝，左穿3（蓝、黑、蓝），回1蓝；⑥

⑰ 右借1黄，左穿2（黄、蓝），回1蓝；　　④ 前中

⑱ 右借3蓝，左穿2（黑、蓝），回1蓝；　　⑥

⑲ 右借1黄，左穿2黄，回1黄；④

⑳ 右借3黄，左穿2黄，回1黄；⑥

㉑ 右借1黄，左穿3黄，回1黄；⑤

㉒ 右借3黄，左穿2黄，回1黄；⑥

㉓ 右借1黄，左穿3黄，回1黄；⑤

㉔ 右借3黄，左穿2黄，回1黄；⑥

㉕ 右借2（黄、蓝），左穿1黄，回1黄。④

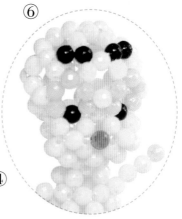

㉖ 左穿 4 黄，回 1 黄；   ⑤

㉗ 右借 1 黑，左穿 2 黄，回 1 黄；   ④

㉘ 右借 1 黄，左穿 2（红、黄），回 1 黄；④ 正前

㉙ 右借 1 黑，左穿 2 黄，回 1 黄；④

㉚ 右借 1 黄，左穿 3 黄，回 1 黄；⑤

㉛ 右借 2 黄，左穿 1 黄，回 1 黄；④

㉜ 左穿 4 黄，回 1 黄；   ⑤

㉝ 右借 3 黄，左穿 1 黄，回 1 黄；⑤

★㉞ 左借 1 黄，左穿 3 黄，回 1 黄；⑤

★㉟ 此时线在 1 珠两侧，右借 3 黄（2、3、4 号珠），回 1 黄（4 号珠）；   ④

★㊱ 右借 4 黄（5、6、7、8 号珠），回 1 黄（8 号珠），左、右线位于 8 号珠两侧。   ⑤

★① 左借 1 黄，左穿 2 黄，回 1 黄；④

② 右借 2 黄，左穿 1 黄，回 1 黄；④

③ 右借 1 红，左穿 2 黄，回 1 黄；④

④ 右借 2 黄，左穿 1 黄，回 1 黄；④（共编 2 次）

★⑤ 左借 2 黄，左穿 1 黄，回 1 黄。④

接编身体，此时颈成 3 珠，即图中 A、B、C 珠。从 A 珠开始编身体，（头朝下）。

① 左穿 4 黄，回 1 黄；   ⑤ 前

② 左穿 2 黄，回 1 黄；   ③

③ 右借 1 黄（B 珠），左穿 2 黄，回 1 黄；④

④ 右借 1 黄（C 珠），左穿 2 黄，回 1 黄；④

★⑤ 右借 1 黄，左穿 1 黄，回 1 黄。③

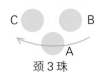

颈 3 珠

⑥ 左穿4黄，回1黄；　　　　　　　⑤
⑦ 右借1黄，左穿2黄，回1黄；④（共编4次）
⑧ 右借2黄，左穿1黄，回1黄。④

⑨ 右借1黄，左穿3黄，回1黄；⑤
⑩ 右借2黄，左穿2黄，回1黄；⑤
⑪ 右借1黄，左穿2黄，回1黄；④前
⑫ 右借3黄，左穿1黄，回1黄。⑤

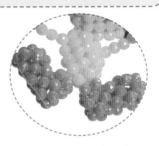

接编右鞋。此时形成了一个4珠圈，左、右线位于A_1珠两侧（头朝下），按口诀编即是右鞋。

右鞋　　　　　　　　　左鞋
A_1　　　　　　　B_1

① 左穿3粉，回1粉；　　　　　　　④鞋后
② 左穿2粉，回1粉；　　　　　　　③
③ 右借1黄（A_1珠），左穿2粉，回1粉；④
④ 右借1粉，左穿1粉，回1粉。　　③

⑤ 左穿3粉，回1粉；　　　　　④（共编2次）
⑥ 右借1粉，左穿3粉，回1粉；⑤
⑦ 左穿3粉，回1粉；　　　　　④
⑧ 右借1粉，左穿2粉，回1粉；④
⑨ 右借2粉，左穿1粉，回1粉。④鞋后跟

★⑩ 左借1粉，右借1粉，左穿1粉，回1粉；④（共编2次）鞋底
⑪ 左穿4粉，回1粉；　　　　　　　⑤鞋底
⑫ 右借1粉，左穿2粉，回1粉；　　④（共编3次）
⑬ 右借2粉，左穿1粉，回1粉；　　④
★⑭ 左借1粉，右借1粉，左穿1粉，回1粉。④鞋尖，收尾。

左鞋从B_1珠开始（头朝下），用穿右鞋的口诀即可。

前肢。

另用一根鱼线左穿 1 蓝，左、右线共穿 3 黄，左、右线分开分别固定在身体的 a_1、b_1 处。

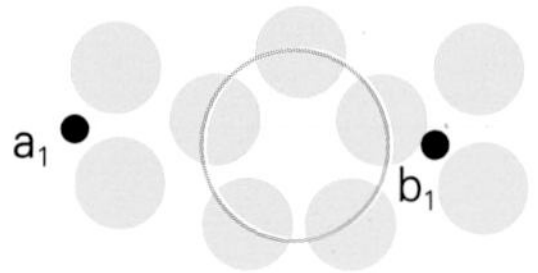

胸前 5 珠

编滑板（用方珠编，本样品用绿色珠）。

1 另用一根鱼线左穿 4 绿，回 1 绿；④

2 左穿 2 绿，右穿 1 绿，回 1 绿；　　④（共编 4 次）

3 左穿 3 绿，回 1 绿；　　　　　　　　④（共编 2 次）

4 右借 1 绿，左穿 2 绿，回 1 绿。　　④（共编 5 次）收尾。

滑板下面固定四个圆珠。

将小鸟固定在滑板上。

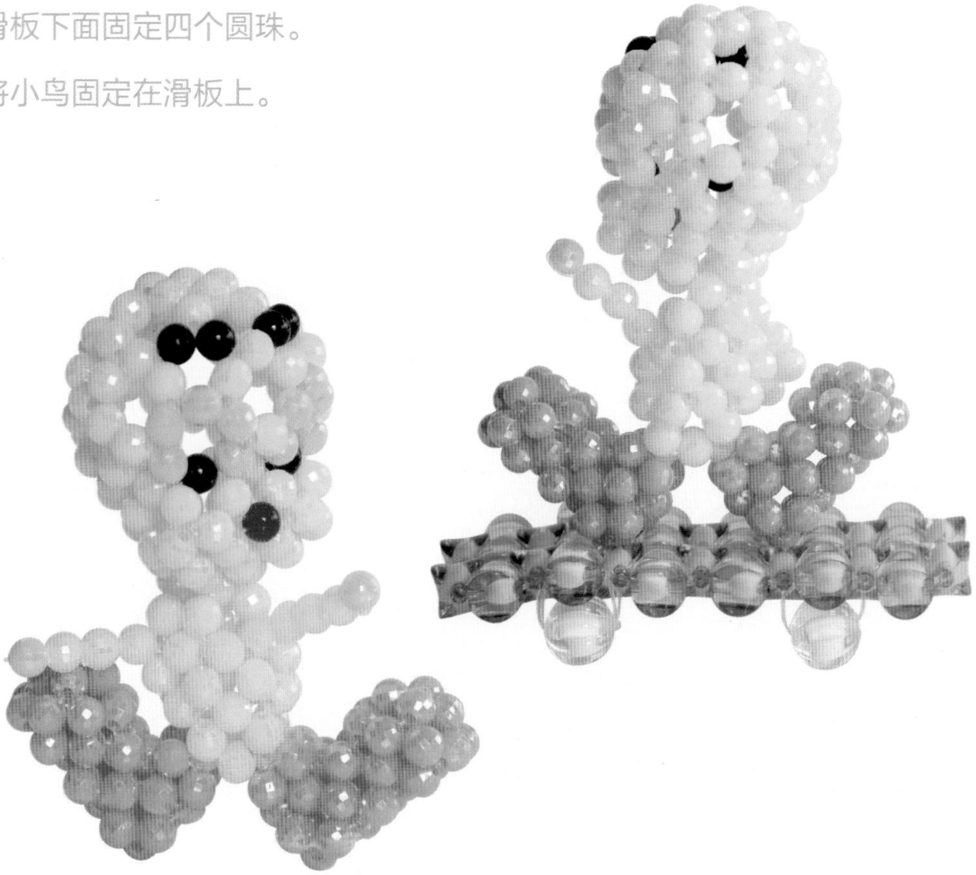

约需黄珠 263 粒；红珠 3 粒；黑珠 2 粒；红大珠 7 粒；黑小珠 24 粒；红小珠 39 粒；黄小珠 45 粒；白小珠 20 粒；白大珠 1 粒。

龙

龙编制口诀

从头顶开始编。

① 左穿 6 黄，回 1 黄；　　　　　　　⑥
② 左穿 4 黄，回 1 黄；　　　　　　　⑤
③ 右借 1 黄，左穿 3 黄，回 1 黄；⑤（共编 4 次）
④ 右借 2 黄，左穿 1 红，回 1 红。④ 前正

⑤ 左穿 3（红、黄、红），回 1 红；　　　　④
⑥ 右借 1 黄，左穿 2（黑、黄），回 1 黄；④
⑦ 右借 2 黄，左穿 3 黄，回 1 黄；　　　⑥
⑧ 右借 2 黄，左穿 2 黄，回 1 黄；　　　⑤（共编 2 次）头后
⑨ 右借 2 黄，左穿 3 黄，回 1 黄；　　　⑥
⑩ 右借 2（黄、红），左穿 1 黑，回 1 黑。④

★ ⑪ 右借 3（黄、黑、黄），左借 1 黄，左穿 1 黄，回 1 黄；⑥ 前正
⑫ 左穿 3 黄，回 1 黄；　　　　　　　　　　④
⑬ 右借 1 黄，左穿 2 黄，回 1 黄；　　　　　④
⑭ 右借 2 黄，左穿 2 黄，回 1 黄；　　　　　⑤ 后正
⑮ 右借 2 黄，左穿 1 黄，回 1 黄。　　　　　④

接编龙颈。

（共编 2 组）⎰ ⑯ 左穿 3 黄，回 1 黄；　　　　　　④
　　　　　⎱ ⑰ 右借 1 黄，左穿 2 黄，回 1 黄；④（共编 2 次）
　　　　　　 ⑱ 右借 2 黄，左穿 1 黄，回 1 黄。④

颈上有 4 黄珠，先编左片或先编右片均可，最后将两片合起来。

① 此时线在右片的黄珠两侧（先编右 1 片），左
　穿 2 黄，回 1 黄；　　　　　③
② 左穿 2 黄，右穿 1 黄，回 1 黄；④
（共编 3 组）
★ ③ 右穿 2 黄，回 1 黄；　　　　　③
④ 左穿 2 黄，右穿 1 黄，回 1 黄；④
（共编 3 组）

⑤ 左穿2黄，回1黄；　　　　　　③ ⎫
⑥ 左穿2黄，右穿1黄，回1黄；④ ⎭（共编3组）
⑦ 左穿2黄，右穿1黄，回1黄；④
⑧ 左穿2黄，右穿1黄，回1黄；④ 尾巴尖上4黄珠
★⑨ 左穿2黄，右穿1黄，回1黄；④ 回编左片
⑩ 左穿2黄，右穿1黄，回1黄；④
⑪ 左穿2黄，回1黄；　　　　　　③ ⎫
⑫ 左穿2黄，右穿1黄，回1黄；④ ⎭（共编3组）
★⑬ 右穿2黄，回1黄；　　　　　　③ ⎫
⑭ 左穿2黄，右穿1黄，回1黄；④ ⎭（共编3组）
⑮ 左穿2黄，回1黄；　　　　　　③ ⎫
⑯ 左穿2黄，右穿1黄，回1黄；④ ⎭（共编2组）
★⑰ 左穿1黄，左借1黄（颈部黄珠），回1黄；　③
★⑱ 右借2黄，左借1黄，左穿1黄，回1黄；向尾的方向编，
　　封腹部；　　　　　　　　　　④
⑲ 左借1黄，左穿1黄，右借1黄，回1黄；　④（共编14次）
★⑳ 左线在左片向上借2黄，右线在右片向上借2黄，左、
　　右线向龙头方向编龙背；
㉑ 左借1黄，左穿1黄，右借1黄，回1黄；　④（共编4次）
㉒ 左借1黄，左穿1红大，右借1黄，回1红大；④（共编7次）
㉓ 左借1黄，左穿1黄，右借1黄，回1黄；　④
㉔ 左借2黄，右借1黄后，回1黄。　　　④ 收尾。

龙嘴在眼睛下方的4黄珠圈上编。
❶ 另用一根鱼线先借1黄（起始珠），左穿3黄，回
　1黄；　　　　　　　　　④
❷ 右借1黄，左穿2黄，回1黄；④（共编2次）
❸ 右借2黄，左穿1黄，回1黄；④

④ 左穿3黄，回1黄；　　　　　　④

⑤ 右借1黄，左穿2黄，回1黄；④（共编2次）

⑥ 右借2黄，左穿1黄，回1黄。④ 正前

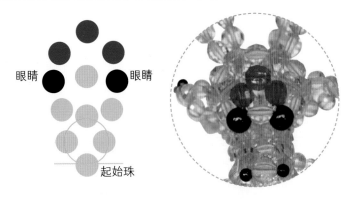

眼睛　　眼睛

起始珠

⑦ 左穿2黄，右穿1黄，回1黄；　　　④

⑧ 左穿1黑小，左借中间1黄；右穿1黑小，右借中间1黄，回1黄；

★⑨ 左、右线共穿1大红（或1大白）；

★⑩ 左、右线分开，左穿1黄，回1黄（a）；

★⑪ 左穿1黄，回借1黄，右穿1黄，回1黄。④ 收尾。

嘴

a

龙须 。

① 另用一根鱼线先借鼻孔后1黄珠（b珠），左穿11（10粒小白，1粒小红），线外绕1小红，回借10小白至b珠一侧；

② 右穿11（10粒小白，1粒小红），线外绕小红，回借10小白至b珠另一侧；

③ 左借1黄（b珠），回1黄（b珠）。龙须完成。

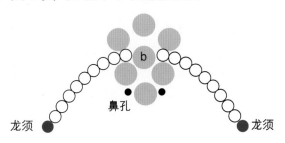

b

鼻孔

龙须　　　　　　　　　　　　龙须

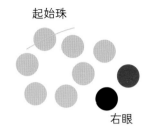

起始珠

右眼

龙耳。

左、右耳口诀相同，只是起始珠不同。下图以右耳为例。

①另用一根鱼线先借起始珠，左穿2黄小，右穿2黄小，回1黄小；⑤

②右穿2（黄小、黑小），线外绕黑小回借3黄小；左借2（黄小、黄），回1黄。⑤

龙角。

龙角在头顶6黄珠圈上A、B珠上编。以右角为例。

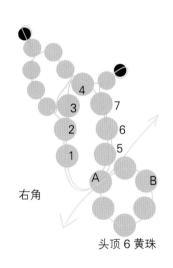

4
3
2
1
7
6
5
A
B

右角

头顶6黄珠

①另用一根鱼线先借1黄（A珠），左穿4黄（1、2、3、4号珠），右穿3黄（5、6、7号珠），回1黄（4号珠）；⑧

②右穿2（黄小、黑小），线外绕1黑小后，回借5（黄小、7、6、5号、A珠）；

③在4号珠上的左线穿4（黄小、黄小、黄小、黑小），线外绕1黑小，借1黄小，穿3黄小后借2黄（2号珠和1号珠），回1黄（A珠）。右角完成。

左角从B珠开始，口诀相同。

龙爪。

龙爪位于龙身的两个最低点，见后图中的C点和D点，此处为3珠圈。

下面以右前腿为例（头朝下）。

①另用一根鱼线先借1黄（C珠），左穿3黄，回1黄；④

②右借1黄（腹下），左穿2黄，回1黄；　　④

③右借1黄（左片），左穿2黄，回1黄；　　④

④右借2黄，左穿1黄，回1黄。　　　　　　④

⑤ 右穿 3（黄、黄小、黑小），线外绕 1 黑小，回借 1 黄小；

⑥ 右穿 2（黄小、黑小），线外绕 1 黑小，回借 2（黄小、黄）；

⑦ 右借 1 黄（龙身右片），右穿 3（黄、黄小、黑小），线外绕 1 黑小，回借 1 黄小；

⑧ 右穿 2（黄小、黑小），先外绕 1 黑小，回借 1 黄小（线在腹下珠右侧）；

⑨ 左线照 5 ～ 8 的口诀编好（线在腹下珠左侧）；

⑩ 左线借腹下 1 黄，回 1 黄（腹下右侧线）。收尾。

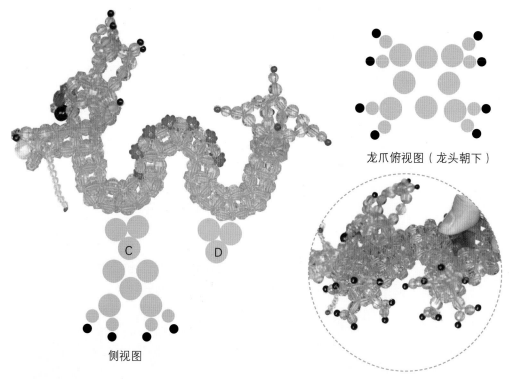

龙爪俯视图（龙头朝下）

C   D

侧视图

龙尾由中间一大尾及前、后、左、右四个小尾组成，在尾后 4 黄珠上穿。先编好 4 个小尾，再分别加上去。

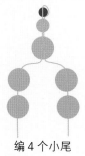

编 4 个小尾

① 另用一根鱼线，先穿 1 红小，左、右线共穿 2（黄小、黄），左、右线分开，各穿 2 黄，共做四个；

② 固定在尾 1 珠上为龙的左小尾；固定在尾 3 珠上为龙的右小尾（见俯视图）。

编中间大尾（见侧视图），仍从尾后四黄珠开始。

1 另用一根鱼线先借1黄（尾1），左穿2黄，右穿1黄，回1黄（G
珠）； ④

2 左穿1黄，借1黄（尾3），再穿1黄，回1黄（G珠）； ④

3 左穿3黄（G_1、G_2、G_3珠），右穿3黄（G_4、G_5、G_6珠），回1黄（G_3
珠） ⑦

4 右穿3（黄、黄小、红小），线外绕1红小，回借5（黄小、黄、G_6、
G_5、G_4珠）至G珠右侧；

5 左线回借2黄（G_2、G_1珠），回1黄（G珠）。 ⑦
收尾，中间大尾完成。

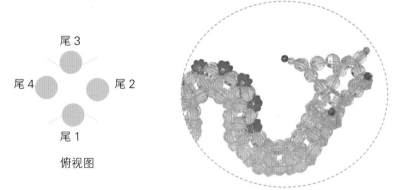

尾3

尾4   尾2

尾1

俯视图

6 将编好的小尾分别固定在G_1、G_2两珠和G_4、G_5两珠的外侧，则前
后小尾也就完成了。

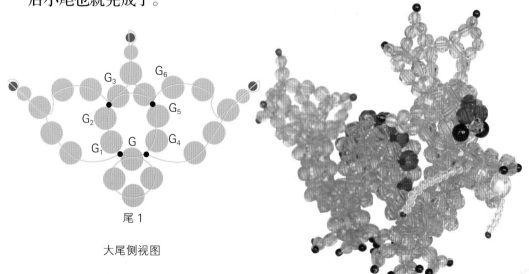

G_3 G_6

G_5

G_2

G_1 G G_4

尾1

大尾侧视图

D 动物篇精彩推荐
ONGWU PIAN JINGCAI TUIJIAN